Birding für Ahnungslose

Für Wend, Titus und Wilma.
Ihr habt mir Flügel geschenkt.

VÉRO MISCHITZ

Birding für Ahnungslose

Wie du Vögel in dein Leben lässt

KOSMOS

Birding tut gut!

Seit den Tagen der viktorianischen Schießprügelornithologen bis heute hat sich die Vogelbeobachtung glücklicherweise stark gewandelt. Damals war die Vogelbestimmung anhand schrotdurchsiebter Kadaver ein beliebter Zeitvertreib der englischen Mittelschicht. Die Arbeiterklasse war unterdessen vornehmlich damit beschäftigt, Eier zu sammeln oder gefangene Finken auf Märkten zu verhökern. Es ging ziemlich wüst zu, was leider auch das Aussterben einiger Vogelarten zur Folge hatte. Zu Beginn des 20ten Jahrhunderts geriet das unnötige Abschlachten der Forschungsobjekte zunehmend in Verruf. Also legte man die Waffen nieder und griff stattdessen zum Fernglas. Dabei blieb Vogelbeobachtung noch lange ein Privileg der betuchten Mittelschicht, die es sich leisten konnte, Vögeln zum reinen Zeitvertreib nachzustellen.

Birding ist bunt!

Bei uns in Großbritannien ist die Vogelbeobachtung noch nicht allzu lange gesellschaftsfähig, aber das Klischee vom gutsituierten weißen Mann mittleren Alters, der mit seinem Fernglas hinter Büschen hervorspäht, ist glücklicherweise überholt. Stattdessen erleben wir eine bunte, multikulturelle Gemeinschaft zunehmend gemischten Geschlechts. Es ist ermutigend zu sehen, wie sehr der einstige Männerverein europaweit mehr und mehr von Frauen belebt wird. Mittlerweile interessieren sich die unterschiedlichsten Menschen für Vögel. Aber was steckt dahinter?

Birding verbindet!

Wer sich ein Fernglas schnappt und raus geht, um Vögel zu gucken, wird mit weit mehr belohnt, als der Freude an ihrer Entdeckung. Vogelbeobachtung ist spirituell befreiend. Dass die damit verbundene Bewegung denselben medizinischen Nutzen mit sich bringt, wie ein normaler Spaziergang, versteht sich von selbst. Eine Runde im Park macht wach und frisch – ganz besonders dann, wenn es etwas Interessantes zu sehen gibt. Eine halbe Stunde Bewegung am Tag – draußen an der frischen Luft und abseits des Alltagstrotts – tut Körper, Geist und Seele gut. Bist du alleine unterwegs, hast du jetzt Gelegenheit zu innerer Einkehr und Selbstreflektion. Während du nach Vögeln Ausschau hältst, verarbeitest du Erlebtes ganz selbstverständlich und nebenbei. Was dir schwer auf der Seele liegt, verflüchtigt sich bisweilen sogar ganz von alleine. Manchmal zeigen sich auch Lösungen für die Probleme des Alltags.

Was sich auf jeden Fall einstellen wird, ist das Gefühl, mit der Natur verbunden und geerdet zu sein. Es geht doch nichts über die Momente, in denen sich die Wahrnehmung deiner Umgebung spürbar weitet, fast so, als würde die Natur selbst dir Zutritt zu ihrer Welt gewähren. Vielleicht erblickst du zufällig eine ungewöhnliche Art oder du nimmst endlich den Sperber wahr, der direkt in greifbarer Nähe sitzt und dich scheinbar gar nicht bemerkt. Diese intimen Augenblicke sind unbezahlbar und unvergesslich.

Birding macht Spaß!

Ob gemeinsam mit Freunden oder im Kreis der Familie, Vogelbeobachtung kann uns wunderbare Gemeinschaftserlebnisse bescheren. Es darf dabei ruhig lustig zugehen. Neulich war ich mit ein paar alten Kumpels zum Birden in Spanien. Wir haben Vögeln nachgestellt und die ganze Zeit dabei gelacht. Nebenbei gründeten wir den fiktiven „Gentleman Birders Club" und posierten als aufgeblasene viktorianische Feldornithologen vor unseren Kameras. Kostüme hatten wir zwar keine, dafür kamen stilechte Sepia-Filter zum Einsatz. Diese sehr vergnüglichen Birdingtage werden wir immer im Gedächtnis behalten. Solche Aktionen, egal wie albern sie uns auch vorkommen mögen, halten uns beweglich und fit im Kopf. Sie fügen der ohnehin schon in vielerlei Hinsicht heilsamen Tätigkeit eine weitere Facette hinzu.

Der Besuch eines neuen, unbekannten Lebensraumes kann eine ungemein anregende Erfahrung sein. Dafür musst du gar nicht weit gehen. Wenn du in der Stadt wohnst, organisier dir ein Fernglas, geh einfach in den nächsten Park und schalte auf Naturempfang. Bald schon erhebt sich das Zwitschern der Finken und das Flöten der Amseln über das geschäftige Treiben der Stadt. Der vertraute Park erscheint in völlig anderem Licht und siehe da – ein neuer Lebensraum steht dir zur Erkundung zur Verfügung.

Birding ist easy!

Birden ist kinderleicht, und jeder kann mitmachen. Du musst weder Experte sein noch werden, und das ist auch in Ordnung so. Es gibt kein bestimmtes Niveau zu erreichen, und es geht auch nicht darum, in möglichst kurzer Zeit möglichst viele Arten zu sehen. Es gibt keine Prüfungen und es steht dir frei, so viel oder wenig zu lernen wie du willst. Durchstreif die weite Welt nach Vögeln oder bleib im heimischen Garten. Es gibt keine Regeln, solange es dir nur Freude bereitet. Alles, was du als Einsteiger brauchst, sind ein offener Geist, Neugierde und eine Ausgabe dieses tollen Buches. Wenn du bei der Lektüre die Vorfreude aufs Birding nicht mehr zügeln kannst – was unweigerlich der Fall sein wird – schnapp dir ein Fernglas und leg los! Zieh in der Gruppe mit Gleichgesinnten los oder schließ dich einem erfahrenen Mentor an. Denk daran, in einem dir angenehmen Tempo zu lernen, und setz dich nicht unnötig unter Druck. Niemand weiß alles über Vögel und niemand kann jeden Vogel bestimmen, der ihm vors Glas kommt, ganz egal wie gut er oder sie sich auskennt.

Endlich raus!

Sobald du diese Reise antrittst, wird es dich an wunderbare Orte verschlagen, von deren Existenz du noch gar nichts ahnst. Seit ich mich erinnern kann, befinde ich mich auf dieser Reise und meine Begeisterung hat nie auch nur eine Sekunde nachgelassen! Spätestens nach der Lektüre dieses außergewöhnlichen Buches verspürst du hoffentlich den unbändigen Drang nach draußen zu gehen und eine neue Welt für dich zu entdecken. Véros Buch bietet uns einen unterhaltsamen Einstieg in dieses spannende Hobby, und die großartigen Illustrationen bringen uns die Welt der Vogelbeobachtung auf nie dagewesene Weise nahe. In diesem Sinne, mach das, was ich und Millionen anderer getan haben – geh vor die Tür und finde Vögel – und mit ihnen vielleicht Erleuchtung.

David Lindo – alias „The Urban Birder"

Birding für Ahnungslose

Inhalt

Warum ausgerechnet ...Vögel?

Eigentlich müssen wir Vögel nicht erst in unser Leben lassen. Sie sind doch schon längst ein Teil davon. Im Vergleich zu anderen Wildtieren kommen Vögel uns täglich sehr nahe. Wir bekommen das nur in den meisten Fällen gar nicht mit. Macht nichts, das können wir ändern.

Es ist nämlich so:

Ein Streifzug durch die Vogelwelt

Auch der direkte Vergleich zeigt – Vögel sind sehr sichtbar und sehr gut zugänglich. Sie sind die ideale Einstiegsdroge für alle, die eine stärkere Verbindung zur Natur suchen:

SÄUGETIERE sind da eher scheu, viele sogar nur nachts oder in den Dämmerstunden aktiv. Im Alltag begegnen wir ihnen selten und meist nur vereinzelt.

INSEKTEN sind klein, aber alles andere als harmlos. Wer sich an diese fummeligen und frustrierend vielfältigen Tiere wagt, will es wirklich wissen …

Und Vögel?

Viele VÖGEL sind meist tagaktiv, kommen häufig genug vor und lassen sich ganz gut anhand von Gestalt, Lebensraum und Verhalten unterscheiden. Ihre Artenvielfalt ist groß, aber überschaubar.

Kleiner Sympathiebonus: Vögel nehmen die Welt auf ähnliche Art wahr wie wir. Und sie tauschen Informationen ebenfalls über Stimme und optische Reize aus.

Damit sind sie uns näher als beispielsweise Säugetiere, bei denen der GERUCHSSINN eine wichtigere Rolle spielt.

Gut, wenn Vögel sowieso allgegenwärtig und so zahlreich sind, dann sind sie vielleicht auch ein klein wenig langweilig? Au contraire, meine lieben Freunde, auch hier kann die Vogelwelt mit reichlich Abwechslung für JEDES Birding-Level aufwarten.

Wiesenpieper

Ist scheu, unscheinbar und sehr selten. Eine echte Herausforderung – auch für erfahrene Birder!

Amsel

Wer kennt sie nicht? Sie kommt überall zurecht, ist zutraulich und häufig.

Eisvogel

Ein auffälliges Kerlchen, ist aber auf geeignete Lebensräume beschränkt und anderenorts eher selten anzutreffen.

Mönchs-grasmücke

Gehört hast du sie sicher schon. Zu Gesicht bekommt man den kleinen Schreihals eher selten. Sie ist häufig, aber gleichzeitig scheu und unscheinbar.

Zitronenstelze

Die muss einem doch auffallen, oder? Sie ist aber scheu und bei uns eine EXTREM seltene Ausnahmeerscheinung.

Zaunkönig

Der stimmgewaltige Winzling ist im Gestrüpp gut getarnt, aber in seiner gesamten Erscheinung unverwechselbar, also Augen auf!

Rotkehlchen

Es zählt bei uns zu den häufigsten Brutvögeln und ist ein beliebter Gast in naturnahen Gärten und Parkanlagen. Sein orangeroter Brustfleck ist ein einmaliges Erkennungsmerkmal.

Rauchschwalbe

In ländlichen Regionen ist sie ein häufig vorkommender Sommervogel, sofern sie Nistplätze und ausreichend Nahrung findet.

Manche Vögel haben feste Tagesabläufe und Lieblingsplätze, an denen man sie häufig aufspüren kann. Sie sind uns VERTRAUT.
Gerdaaa, ich hab schon mal unsere Plätze reserviiiert!
Bob, bist du wirklich SICHER, dass wir richtig abgebogen sind?
Cynthia, vielleicht möchtest DU das nächste mal die Navigation übernehmen?
Andere sind auf der Durchreise oder haben sich schlicht verflogen. Diese unerwarteten Begegnungen sind überall möglich und sorgen für zusätzliche SPANNUNG.
Borrr, krass!!
Ob Gartenvögel, Zugvögel oder Wintergäste, die Vogelwelt ist in ständiger Bewegung und lädt dazu ein, sich mitreißen zu lassen.

Noch nicht überzeugt? Jeder Vogel kann außerdem jederzeit einfach davonfliegen. Wir haben keine KONTROLLE darüber, welche Tiere wir wie oft und wie lange zu Gesicht bekommen.

Dieses Zusammenspiel aus Vertrautheit und Unberechenbarkeit macht unglaublich viel Spaß. Stell dir Vogelbeobachtung einfach mal als Mischung aus Geocaching und Pokémon-Go vor:

Allerdings wirst DU dich weiterentwickeln! Mit jedem Ausflug verpasst du deinen Birding-Skills ein kleines, aber feines Upgrade. Auf welchem „Level“ du auch einsteigst, hinschauen lohnt sich immer. Hinter den unscheinbaren „kleinen, braunen Vögeln“ im Gebüsch verbirgt sich eine Vielfalt, die dich für Jahre in ihren Bann ziehen kann.

Feldsperling
Gartengrasmücke
Fitis
Haussperling
Goldammer
Grünfink
Grauschnäpper
Klappergrasmücke
Heckenbraunelle
Zaunkönig
Zilpzalp
Mönchsgrasmücke
Easy. Kenn' ich. Alles schon gesehen.
Abwink.
Level 100 Birder

Die gute Nachricht für alle, die sich selbst für ahnungslos halten: Niemand fängt bei Null an. Auch dir ist bestimmt schon der ein oder andere Vogel aufgefallen. Es ist sogar sehr wahrscheinlich, dass du einige der üblichen Verdächtigen hier bereits besser kennst, als du denkst. Probier es aus:

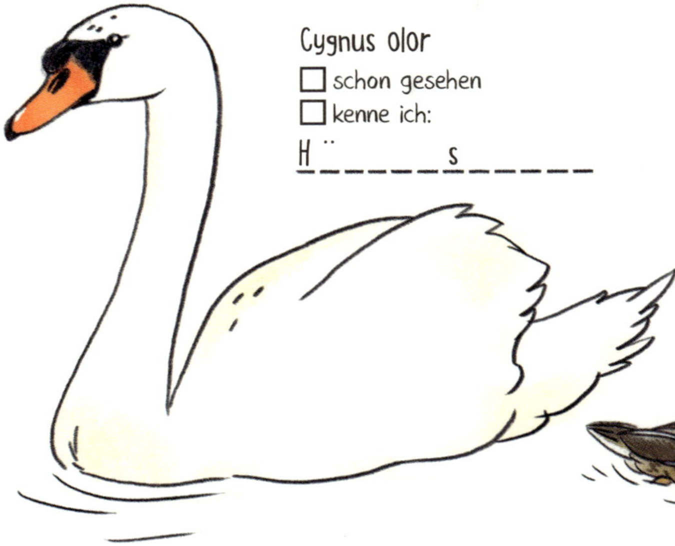

Cygnus olor

☐ schon gesehen

☐ kenne ich:

H _̈ _ _ _ _ s _ _ _ _ _

Parus major

☐ schon gesehen

☐ kenne ich:

K _ _ _ m _ _ _ _

Anas platyrhynchos

☐ schon gesehen

☐ kenne ich:

S _ _ _ _ e _ _ _

Pica pica

☐ schon gesehen

☐ kenne ich:

E _ _ _ _ _

Corvus corone

☐ schon gesehen

☐ kenne ich:

R _ _ _ _ k _ _̈ _ _

Garrulus glandarius

☐ schon gesehen

☐ kenne ich:

E _ _ _ _ _ h _̈ _ _ _

Fringilla coelebs

☐ schon gesehen

☐ kenne ich:

B _ _ _ f _ _ _

Apus apus

☐ schon gesehen

☐ kenne ich:

M____s_____

Coccothraustes coccothraustes

☐ schon gesehen

☐ kenne ich:

K___b_____

Carduelis carduelis

☐ schon gesehen

☐ kenne ich:

S____l___

Ardea cinerea

☐ schon gesehen

☐ kenne ich:

G___r_____

Columba palumbus

☐ schon gesehen

☐ kenne ich:

R_____t____

Falco tinnunculus

☐ schon gesehen

☐ kenne ich:

T___f____

Picus viridis

☐ schon gesehen

☐ kenne ich:

G_ü_s_____

Bubo bubo

☐ schon gesehen

☐ kenne ich:

_h_

Wenn du mit diesem Buch durch bist, wirst du all diese Vögel (und noch einige mehr) benennen können. Deal?

* David Lindo: URBAN BIRDING, siehe S. 128ff

Birding
Was macht das mit dir?

Superbirder oder nicht, wir halten fest: Vögel zu beobachten, kann erfreulich unkompliziert sein. Es ist auch völlig in Ordnung, wenn du weder hunderte Vogelarten rund um den Erdball aufspüren, noch sämtliche Vögel in deiner Umgebung zweifelsfrei bestimmen willst.

Der Mehrwert des Birdwatchings reicht weit über Ehrgeiz und Sammelleidenschaft hinaus. Er verbindet uns über viele Gräben und Hindernisse hinweg – und das vom ersten Tag an.

Ernsthaft. Ob Vollprofi oder Anfänger*in, es gibt für alle genug zu entdecken. Deinen Weg, deine Schwerpunkte und dein Tempo bestimmst du. „Schlechte" Birder gibt es nicht. Größtenteils ahnungslose Vogelfans vielleicht, aber deswegen sind wir ja hier.

Also, sollen wir diese Tür gemeinsam aufstoßen?

Mindset, Baby:

Der Schlüssel zum Vogelglück liegt in deiner Hand!

Auch in der Birding-Community gibt es prominente Stimmen, die ihre Erkenntnisse und ihre Motivation mitteilen, um mehr Menschen für ihre Leidenschaft zu begeistern. Hört man ihnen zu, gewinnt man schnell den Eindruck, dass sie gefunden haben, wonach die meisten von uns noch auf der Suche sind:

Mehr von Johanna Romberg, David Lindo, Simon Barnes & Joe Harkness findest du auf S. 128.

Ein bisschen neidisch kann man ja schon werden auf all diese zufriedenen Birder, die Entschleunigung und Achtsamkeit so erfolgreich in ihren Alltag integriert zu haben scheinen, oder? Dahinter stecken allerdings meist nicht nur ein langer Weg und eine persönliche Geschichte voller kleiner Rückschläge und Glücksmomente. Dahinter steckt vor allem eine Haltung, die auf ein paar grundlegenden Werten gründet und auf der wunderbaren Fähigkeit, das Unerwartete erwarten zu können.

5 Denkanstöße für einen guten Start ins Vogelabenteuer:

1. RÜCKSICHTNAHME

Birds first! Deine Anwesenheit sollte die Tiere weder stören noch beeinträchtigen. Du bist der Gast – sie in ihrem Revier.

2. GLÜCK & GEDULD

Birding ist die Kunst, Ausschau zu halten und dabei nichts zu erwarten. Nicht selten entpuppt sich dann eine zufällige Beobachtung als etwas Neues, Unerwartetes und Aufregendes.

3. BEWUSSTSEIN

Beim Birding geht es im Kern um bewusstes Hinschauen und aufmerksames Beobachten. Unabhängig vom „Level" gilt: Vögel sind immer schön anzusehen. Artenkenntnis & Fachwissen kommen dann mit der Zeit.

4. RESPEKT

Egal wo auf der Welt du unterwegs bist: Als Birder respektierst du die Landschaft, in der du dich bewegst, ebenso wie die anderen Menschen darin.

5. AUS FEHLERN LERNEN

Erfahrung braucht drei Dinge: Zeit, Übung und den Mut, immer wieder zu scheitern. Als Birder wirst du dein Leben lang Fehler machen. Und du wirst dein Leben lang neue, spannende Dinge dazulernen.

Birder's Little Helpers

Grundausrüstung & Unverzichtbares

Welche Art Ausrüstung ist eigentlich sinnvoll, um dich auf die Vogelsuche zu machen? Empfehlungen für Vogelbeobachtung sind gerne mal lang und erschöpfend umfangreich. Man will ja wirklich auf jede Gelegenheit vorbereitet sein und sich nicht nachträglich über zuhause Gelassenes ärgern müssen. Da kommt dann schon einiges zusammen:

Aber ... BRAUCHST du das alles wirklich von Anfang an? Was ist TATSÄCHLICH UNVERZICHTBAR, um der Vogelwelt entspannt ein wenig näherzukommen?

Beurteile andere Birder besser nicht nach ihrer Ausrüstung. Dein wichtigstes Werkzeug bleiben Augen und Ohren. Alles andere sind HILFSMITTEL. Wirklich UNVERZICHTBAR ist nur das Fernglas, denn ohne optische Unterstützung bereitet Birding wenig Freude.

Das Fernglas
Herzstück deiner Ausrüstung

Hast du schon mal einem Vogel zugesehen, der auf einem fünf Meter entfernten Baum sitzt? Versuch es doch einmal. Du wirst sofort verstehen, warum das Fernglas mit gutem Recht als das absolute Herzstück deiner Ausrüstung bezeichnet werden kann.

Für hochwertige Ferngläser namhafter Marken kann man ohne Weiteres vierstellige Beträge hinblättern. Allerdings begleitet dich dein Fernglas bei guter Pflege auch fast ein Leben lang. Und es ist DER entscheidende Ausrüstungsgegenstand. Ohne geht es nicht. Wenn du kannst, investiere hier und spare lieber an anderer Stelle.

Das Fernglas
Alles Einstellungssache

Birdwatcher nutzen überwiegend Ferngläser mit der Kombination 8 x 32, 8 x 42, 10 x 40 oder 10 x 50 (mehr dazu auf Seite 33). Für den regelmäßigen Einsatz in der Dämmerung wird dagegen ein deutlich größeres 8 x 56 Glas empfohlen. Drei Einstellungen sind besonders wichtig, um das Fernglas optimal nutzen zu können:

1. AUGENMUSCHELN

sorgen für den richtigen ABSTAND zwischen Fernglas und Augen. Mit Brille drehst oder klappst du die Muscheln ein. Ohne Brille werden sie ausgedreht oder -geklappt.

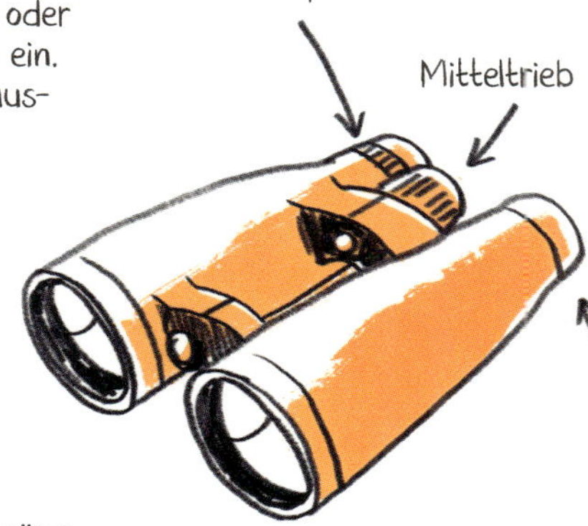

2. AUGENABSTAND

Schau auf ein weit entferntes Objekt und stell die BREITE deines Glases so ein, dass du mit beiden Augen ein kreisrundes Bild siehst. Ist der Augenabstand falsch eingestellt, erscheinen schwarze Flecken im Bild.

3. SEHSCHÄRFE

Unterschiede zwischen deinen Augen kannst du bei den meisten Ferngläsern so ausgleichen: Mit dem LINKEN AUGE betrachtest du ein entferntes Objekt und stellst es mit dem MITTELTRIEB scharf. Dein rechtes Auge bleibt dabei geschlossen. Schließ dann dein linkes Auge und stelle die Schärfe für das RECHTE AUGE mit dem DIOPTRIENAUSGLEICH ein. Voila! Jetzt hast du die Sehschärfe angepasst und kannst das Fernglas ganz einfach mit dem Mitteltrieb bedienen.

Und dann heißt es ÜBEN, ÜBEN, ÜBEN. Die Journalistin und Vogelfreundin JOHANNA ROMBERG* empfiehlt Meisen als Übungsobjekt. Die kommen häufig vor, sind nicht besonders scheu aber dafür umso schneller und beweglicher!

* Johanna Romberg: FEDERNLESEN, siehe S. 128ff

Das Fernglas
Aufbau & Strahlengang

Um zu verstehen, wie ein Fernglas funktioniert und wodurch sich einzelne Modelle unterscheiden, lohnt ein Blick ins Innere:

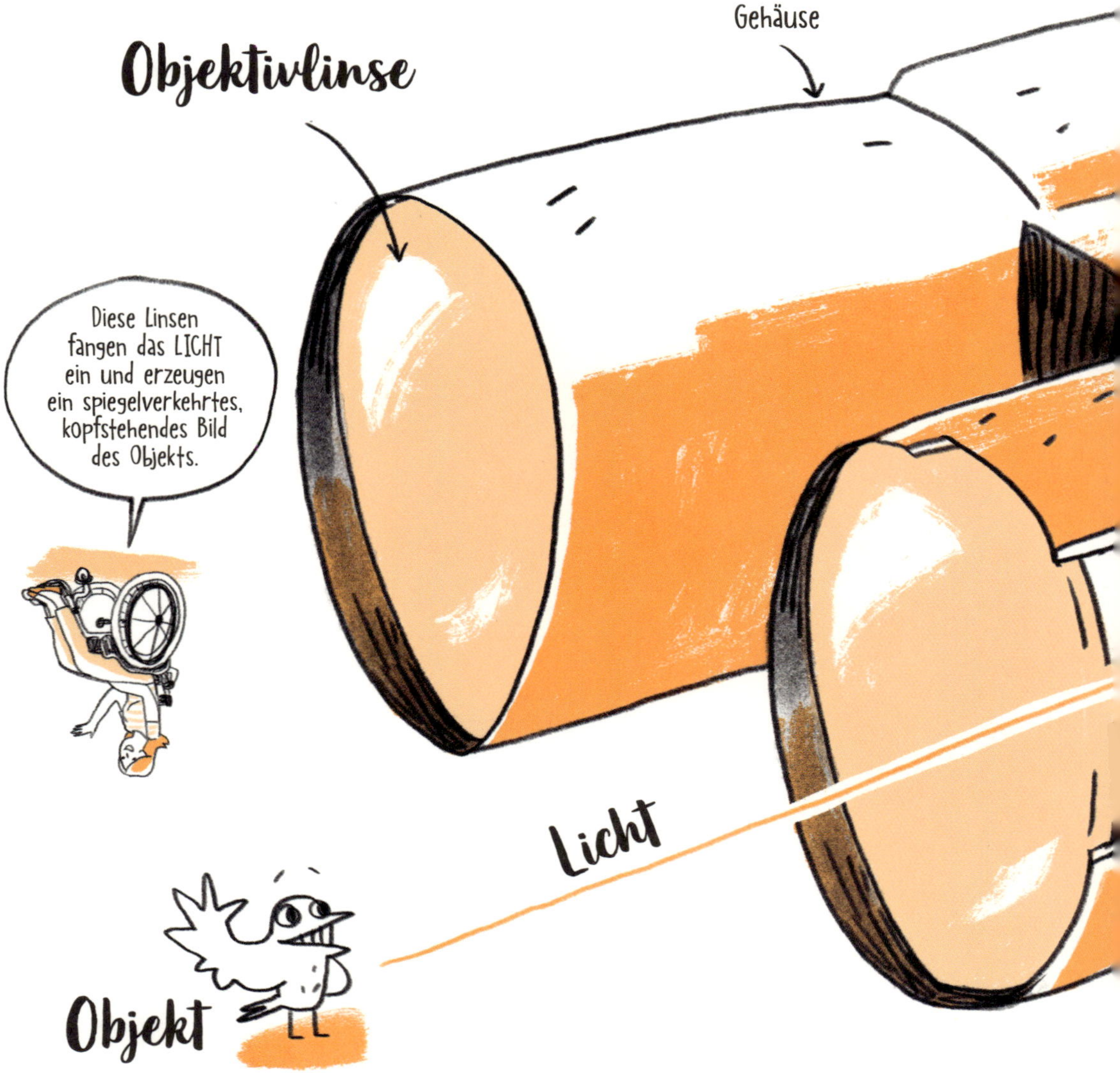

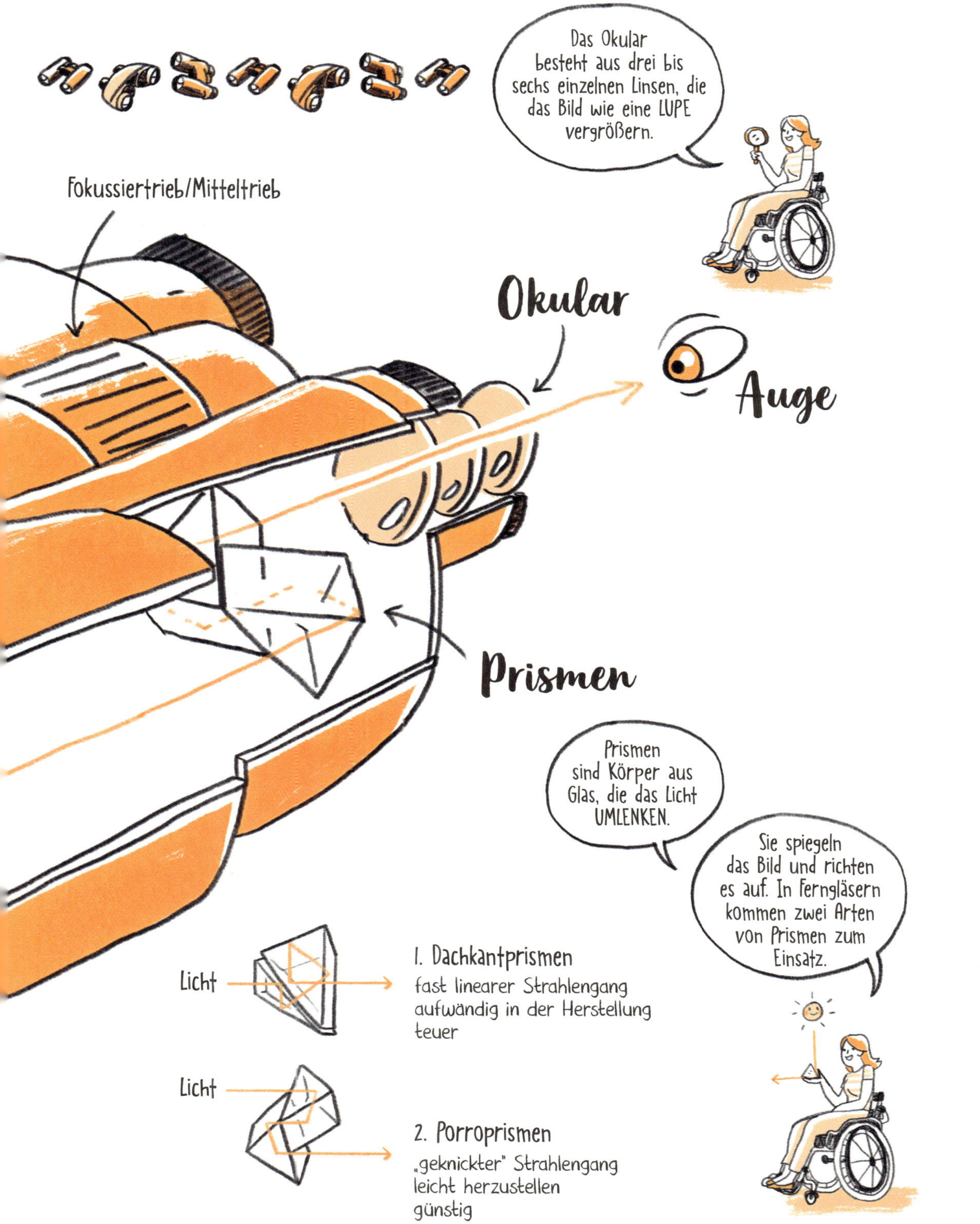
Das Okular besteht aus drei bis sechs einzelnen Linsen, die das Bild wie eine LUPE vergrößern.
Fokussiertrieb/Mitteltrieb
Okular
Auge
Prismen
Prismen sind Körper aus Glas, die das Licht UMLENKEN.
Sie spiegeln das Bild und richten es auf. In Ferngläsern kommen zwei Arten von Prismen zum Einsatz.
Licht
1. Dachkantprismen
fast linearer Strahlengang
aufwändig in der Herstellung
teuer
Licht
2. Porroprismen
„geknickter" Strahlengang
leicht herzustellen
günstig

Das Fernglas
Augen auf beim Kauf!

Die Wahl der Prismen beeinflusst vor allem zwei Dinge:

1. Das PREIS-LEISTUNGS-VERHÄLTNIS (Bei Dachkantprismen muss zum Beispiel viel mehr Zeit in die Nachbearbeitung investiert werden, was sie teurer macht.)

2. Die BAUWEISE eines Fernglases & davon abhängige Eigenschaften

Porroferngläser sind im Vergleich recht günstig und liefern ab etwa 150€ auch erst mal zufriedenstellende Qualität. Erfahrungsgemäß stoßen sie aber schnell an ihre Grenzen und werden bald durch ein hochwertigeres Modell ersetzt. Natürlich kannst nur du entscheiden, ob Birding ein Hobby ist, das du lange ausüben wirst. Sollte das der Fall sein, lohnt sich die Investition in ein wirklich hochwertiges Fernglas auf jeden Fall. Wenn möglich, teste Ferngläser direkt im Fachgeschäft und lass dich dort auch beraten. Vor Ort kannst du verschiedene Geräte ausprobieren und so das passende Modell für dich finden.

Spickzettel & Checkliste

Sehfeld
beschreibt die Größe des ÜBERSCHAUBAREN BEREICHES auf eine Entfernung von 1000 Metern. Je höher die Vergrößerung, desto kleiner ist das Sehfeld. Dadurch wird das Auffinden von Vögeln erschwert.

Vergrößerung
8 x 40
beschreibt, um wie viel NÄHER ein Objekt dem Betrachter erscheint. Bei hoher Vergrößerung übertragen sich auch deine Bewegungen viel stärker auf das Fernglas und das Bild „verwackelt" schneller.

Objektivdurchmesser
8 x **40**
wird in Millimetern angegeben. Ein größeres Objektiv bedeutet eine hellere Abbildung und ein größeres Sehfeld – allerdings nimmt auch das Gewicht zu. Die ideale Größe hängt vom Beobachtungszeitpunkt (Tageslicht/Dämmerung/Nacht) ab.

Dämmerungszahl
$\sqrt[2]{8 \times 40}$
gibt an, wie LICHTEMPFINDLICH das Fernglas ist. Je größer die DZ, desto lichtstärker ist das Gerät und das Bild erscheint heller. Sie sollte für gutes Dämmerungssehen zwischen 12 und 25 liegen.

Nahpunkt
KÜRZESTE ENTFERNUNG, in der man noch scharf sehen kann. Liegt im Durchschnitt zwischen 4 und 6 Metern, bei hochwertigen Gläsern auch unter 3 Metern.

Vergütung
BESCHICHTUNG der Linsen, verringert Reflexion und sorgt dafür, dass das Bild schärfer, farbechter und kontrastreicher erscheint. Unter Neonlicht schimmern vergütete Linsen violett oder grün.

Dichtigkeit
Undichte Ferngläser können von innen beschlagen und unbrauchbar werden. Hochwertige Gläser enthalten daher eine STICKSTOFFFÜLLUNG.

Randschärfe
In der Mitte des Bildes liegt die größte Schärfe. Trotzdem sollte das Bild über einen möglichst großen Bereich gleichmäßig scharf erscheinen. Gerade bei günstigeren Gläsern kann die Schärfe zum Rand hin sichtbar und unregelmäßig abnehmen.

Kontrast & Farben
Das Bild sollte KONTRASTREICH sein und wenig Farbfehler aufweisen. Im Sonnenlicht erkennst du diese als blaue oder gelbe Farbsäume im Bild. Ist der Farbfehler zu groß, verliert das Bild an Kontrast.

Und außerdem?
Streulicht macht das Bild kontrastarm und fahl. Gibt es störende Reflexe? Überprüfe, ob das Fernglas feine Details gut wiedergibt, also eine HOHE AUFLÖSUNG hat. Ist das Bild FARBECHT?

Komfort & Handling
Passen Gewicht, Größe und Bedienung für dich? Welche Bauweise liegt dir mehr, griffiges Porro- oder doch lieber kleines Dachkantfernglas?

Das da!

Spektiv & Kamera
Bestimmung aus der Ferne

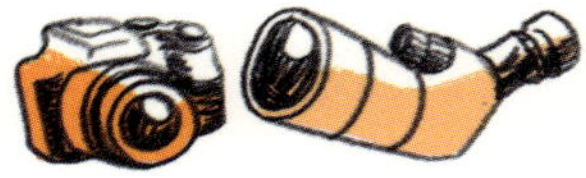

Manchmal kommst du mit einem Fernglas alleine nicht weiter, weil beispielsweise die Fluchtdistanz der Vögel zu groß oder das Gelände unzugänglich ist. Einige Birder legen sich deshalb früher oder später ein SPEKTIV - das ist ein stark vergrößerndes Fernrohr - zu.

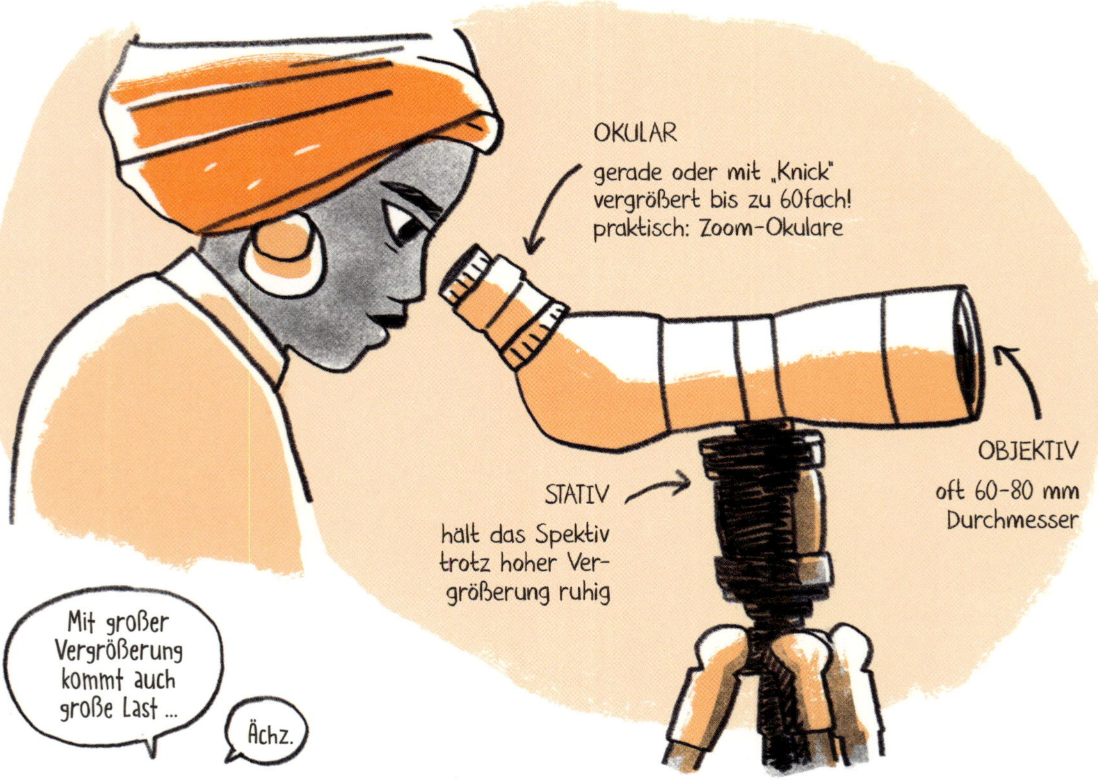

Ein leistungsfähiges Spektiv holt nicht nur Vögel aus der FERNE sondern auch DETAILS ganz nah heran. Allerdings gilt auch hier: Mit Leistungsfähigkeit und Größe des optischen Systems schnellen gleichzeitig Gewicht und Preis des Gerätes in die Höhe.

Spektive kannst du sogar mit einer Digitalkamera oder einem Smartphone kombinieren und als Teleobjektiv zweckentfremden (DIGISKOPIE). So kannst du besondere Momente festhalten und dokumentieren. Die Fotos dienen auch als Gedächtnisstütze oder Bestimmungshilfe.

Wer braucht so was?

Das kommt natürlich immer darauf an, welche Schwerpunkte und Herausforderungen du dir setzt. Willst du Watvögel bestimmen? Bist du regelmäßig in unwegsamem Gelände unterwegs? Möchtest du dich intensiver mit anderen Birdern austauschen? Dann wirst du um brauchbare Ton- und Bildaufnahmen kaum herumkommen. Digiskoping und Vogelbeobachtung mit Spektiv ist EINE FACETTE des Birdings. Bei der Vogelbeobachtung im Alltag können dann wieder ganz andere Dinge im Mittelpunkt stehen. Und Hand aufs Herz, je weniger Aufwand wir betreiben müssen, desto häufiger werden wir uns im Alltag auch wirklich vor die Tür begeben, oder?

Aber so ganz nebenbei:
Geführte Vogelexkursionen sind eine HERVORRAGENDE Gelegenheit, um sich auszutauschen und auch mal unverbindlich den ein oder anderen Blick durch ein fremdes Spektiv zu werfen. Ich mein' ja nur ...

Notizbuch & Stift
Halte deine Beobachtungen fest!

Das Bestimmungsbuch
Wegweiser durch die Vogelwelt

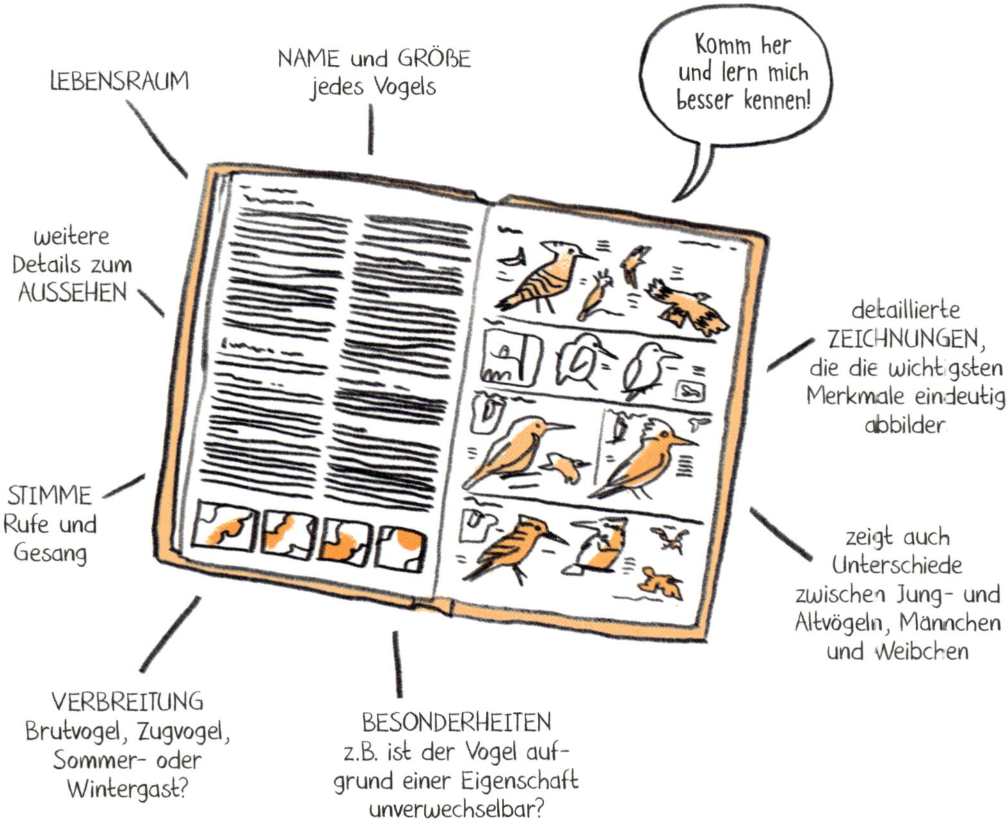

Beim AUFBAU orientieren sich die meisten Vogelführer an den Verwandschaftsverhältnissen (SYSTEMATIK) der Vögel. Die eignest du dir am besten Schritt für Schritt an.

Don't panic. Es gibt ein paar Tricks, um bei dieser verwirrenden Vielfalt nicht den Überblick zu verlieren.

1. Der SVENSSON Vogelführer, DAS Bestimmungsbuch für Europa und zu Recht empfohlen, ist KEIN Einsteigerbuch! Starte also ruhig erst mal mit einem übersichtlicheren Werk, zum Beispiel über Gartenvögel.*

2. Diese Bücher konzentrieren sich in der Regel auf Arten, die man recht häufig beobachten kann. So wird die Vielfalt händelbar und du bekommst schneller einen ÜBERBLICK über die Vögel, die in deiner unmittelbaren Umgebung leben.

3. Markiere Arten, die du häufig beobachtest, in deinem Vogelführer. Du kannst auch Vögel, die in einem bestimmten Gebiet vorkommen (Wald, Gebirge, Wattenmeer ...) farblich markieren. So findest du dich im Buch besser zurecht und hast unterwegs die richtige Seite schneller griffbereit.

Pssst ... die Systematik kannst du anfangs getrost ignorieren und dich stattdessen voll auf die einzelnen Vögel konzentrieren. Später, wenn sich dein Blick für Gemeinsamkeiten und Unterschiede etwas geschärft hat, kann sie dir viel besser als Orientierungshilfe dienen.

* siehe S. 128ff

Digitale Helfer
Smartphone, Apps & mehr

Praktisches Hilfsmittel?

Für viele von uns ist das vielseitig einsetzbare Gerät aus dem Alltag nicht mehr wegzudenken. Wir haben es ständig bei uns. Der digitale Helfer ist außerdem leichter in der Hosentasche verstaut als ein Buch. Da ist es doch nur logisch, dass wir es auch für die Vogelbeobachtung nutzen wollen, oder?

Ob GPS, Kamera, spontane Tonaufnahmen von Gesängen, Bestimmungshilfe, Kommunikation oder Vernetzung mit anderen Birdern – das Smartphone KANN tatsächlich ein nützliches Hilfsmittel sein …

Oder soll man es lassen?

Viele Birder verzichten ganz bewusst auf digitale Helfer, weil sie die Auszeit in der Natur so besser genießen können. Wenn du dich FÜR die Nutzung deines Smartphones in der freien Wildbahn entscheidest, verhalte dich rücksichtsvoll. Vogelgesänge leise zur Identifizierung anzuhören, kann noch durchgehen. Das Anlocken von Tieren mit Tonaufnahmen während der Brutzeit ist aber zum Beispiel gesetzlich verboten.

1. APPS

Mittlerweile gibt es eine Vielzahl an Anwendungen auf dem Markt, die dir bei der Einordnung von Vögeln und Vogelstimmen unter die Arme greifen wollen. Die meisten Apps bestehen aus deutschland- oder europaweiten Artenverzeichnissen. Häufig findest du dort neben den Abbildungen auch Aufzeichnungen von Gesängen oder Bilder der Eier und Nester verschiedener Vogelarten. Ähnlich wie bei Bestimmungsbüchern gibt es sowohl überschaubare als auch sehr umfangreiche Apps. Einige werden kostenlos angeboten. Für die meisten Bestimmungs-Apps liegt der Preis aber zwischen 1 und 15 €.

Für Einsteiger!

KOSMOS Gartenvögel

sehr übersichtlich
(36 Arten)
Gesang & Videos

KOSMOS Vogelführer

basierend auf Svenssons „Der Kosmos Vogelführer"
KEINE Einsteiger-App!
Vögel können mit anderen ähnlicher Erscheinung verglichen werden
mit Vogelstimmen

Für Einsteiger!

Vögel füttern & erkennen

sehr übersichtlich
(36 Arten)
Gesang & Videos
aktuell nur für iOS
(Android-Version kommt)

Vögel Europas bestimmen

sehr umfangreich
(über 470 Arten)
intuitiver Bestimmungsfilter
Vogelstimmen & Videos
aktuell nur für iOS
(Android-Version kommt)

Naturblick

Tiere & Pflanzen einfach bestimmen
Lauterkennung für Vogelstimmen
lokal & kostenlos

Für Einsteiger!

Die Vogel-App!

über 222 häufige Vogelarten Europas
ca. 150 Vogelstimmen
nur für Android erhältlich
kostenlos

Naturalist

non-profit & kostenlos
vom Dachverband Deutscher Avifaunisten (DDA)
aktuelle Meldungen aus deiner direkten Umgebung abrufbar
verbunden mit ornitho.de
nur Android

Für Einsteiger!

NABU Vogelwelt

Basisversion kostenlos
übersichtlich & gut
308 Vogelarten
mit Filter für die 100 häufigsten Arten

2. SOCIAL MEDIA

Plattformen wie Bluesky, Mastodon oder Instagram sind auch unter Vogelbegeisterten beliebt. Twitterbirdsong, urbanbirding, citybird, birdsofafeather, birdlover, birdwatching ... sind einige der beliebtesten Hashtags, unter denen du dich mit anderen Vogelfreund*innen austauschen kannst. Erfahrene Birder können dir wichtige Tipps geben oder dir bei der Bestimmung eines noch unbekannten Vogels helfen. Der Austausch mit Gleichgesinnten kann ein zusätzlicher Ansporn sein, dich weiter mit dem Birdwatching zu beschäftigen.

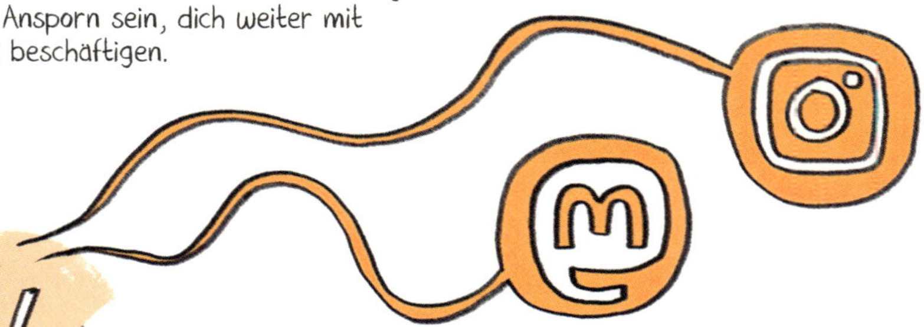

Einen ganz besonderen Service bietet der Vogelphilipp an: Du kannst ihm deine Aufnahmen von Vogelstimmen per WhatsApp- oder Instagram-Direktnachricht zuschicken. Er hilft dann bei der Bestimmung des dazugehörigen „Sängers" und gibt dir nützliche Tipps, wie du Vogelstimmen erkennen und lernen kannst.

3. WEBSEITEN

Welcher Vogel wurde heute schon in meiner Region gesichtet? Wie sieht das Gefieder eines Milans aus? Wie hört sich ein Pirol an? Wann findet die nächste Vogelexkursion statt? Fachorganisationen wie der NABU oder der DDA und ihre Webseiten sind ein guter Ausgangspunkt, um sich schnell und gezielt mit geprüften Vogelfakten zu versorgen. Aber auch private Medien, Blogs, Plattformen und Lernspiele sind lohnenswert.

Auf Vogelsuche

Wann & wo sind Vögel zu sehen?

Frühling, Sommer, Herbst und Winter - Birding kannst du das ganze Jahr über betreiben. Die Vogelwelt steht nicht still, und folglich gibt es IMMER etwas zu beobachten. Im Jahresverlauf müssen die Tiere beispielsweise unterschiedliche Herausforderungen meistern, die bereits eine grobe zeitliche Einteilung des Vogeljahres erlauben:

Tatsächlich verbringt nur ein kleiner Teil unserer heimischen Brutvogelarten das gesamte Jahr hier. Neben diesen STANDVÖGELN brüten noch verschiedene ZUGVÖGEL bei uns, die wir in Kurz- und Langstreckenzieher einteilen. Zur letzten Gruppe gehören „typische" Sommervögel wie Störche oder Schwalben. Im Laufe eines Jahres können wir zudem Durchzügler ebenso wie Winter- und Sommergäste beobachten, die in anderen Ländern brüten und sich in der Regel nur für kurze Zeit bei uns aufhalten.

Voila!

Das Vogeljahr
Was seh' ich da im …

eine Auswahl:

Januar

Meisen, Gimpel, Bergfink, Kernbeißer, Birkenzeisig, Erlenzeisig, Haussperling, Kleiber, Buntspecht, Amsel, Grünfink, Saatkrähen und Dohlen, Enten und andere Wasservögel …

wird im Winter die Nahrung knapp, „Invasionen" von Raufußbussard, Seidenschwanz, Tannenhäher aus nordöstlichen Gebieten möglich

Februar

früh balzende Standvögel z.B. Ringel- und Türkentaube, verschiedene Spechte, Wanderfalke …

Erste Kurzstreckenzieher kommen an: Star, Bachstelze, Feldlerche, Kiebitz, Ringeltaube, Mistel- und Singdrossel, Krähen …

An Gewässern sind viele Wasservögel beobachtbar: Enten, Schwäne, Gänse …

März

Bei MILDEM WETTER folgen weitere Kurzstreckenzieher: Drosseln, Hausrotschwanz, Rotkehlchen, Bachstelze, Feldlerche, Singdrossel, Zilpzalp, Mönchsgrasmücke, Misteldrossel, Sommergoldhähnchen …

Erste Langstreckenzieher erscheinen: Weißstorch, Schwarzmilan …

in Nord- und Mitteldeutschland auch Kraniche und Watvögel

auch schon da und gut zu beobachten: Buch- und Grünfink, Meisen, Rotkehlchen, Zaunkönig, Haussperling, Mäusebussard, Turmfalke, verschiedene Spechte …

April

HAUPTTEIL der Singvögel kehrt jetzt nach und nach zurück: Fitis, Schafstelze, Mönchsgrasmücke, Gartenrotschwanz, Hausrotschwanz, Sommergoldhähnchen, Kuckuck, Schwalben …

Mai

Bis Mitte Mai treffen auch die meisten Langstreckenzieher bei uns ein: Neuntöter, Turteltaube, Mauersegler, Nachtigall, Teich- und Sumpfrohrsänger ...

In Süddeutschland kann man gelegentlich auch Arten aus Südeuropa beobachten z.B. Seidenreiher.

Juni

Mai und Juni sind Brutmonate, nach und nach tauchen jetzt neben den erwachsenen Brutvögeln auch immer mehr Jungvögel auf.

Juli

Mauser (Gefiederwechsel), viele Arten halten sich in dieser Zeit versteckt

Jungvögel einzelner Arten schließen sich zu Trupps zusammen (z.B. Stare oder Krähen).

Mauersegler ziehen nach Süden.

An den Küsten treffen die ersten Watvögel ein.

Im Norden kannst du jetzt an ihren Sammelplätzen Brachvögel, Stare, Kiebitze, Lachmöwen, Graureiher, Kormorane und Co. gut beobachten.

August

Ein Blick zum Himmel kann sich lohnen: Jetzt ziehen Störche, Tauben, Reiher, Rauch- und Mehlschwalbe oder Bussarde in Richtung Süden.

Zugvögel müssen ihre Fettreserven auffüllen. Stieglitze und andere Samenfresser kannst du auf Wiesen aufspüren, Drosseln, Grasmücken, Laubsänger u.a. auch in beerentragenden Büschen und Obstbäumen.

Am Abend kannst du nach großen Gruppen von Staren oder Schwalben Ausschau halten.

ähnliche Tageslänge wie im Frühling, einige Vögel singen jetzt wieder z.B. Kohlmeise, Zilpzalp, Hausrotschwanz, Fitis und Rotkehlchen

September

Durchzügler überall: Schwalben, Finken, Fischadler und Rohrweihe, Bachstelze, Möwen ...

Oktober

HÖHEPUNKT des Singvogelzugs u.a. Buch- und Bergfink, Feldlerche, Wiesenpieper, Star, Ringeltaube, Sing- und Rotdrossel

Über Nord- und Mitteldeutschland ziehen die Kraniche hinweg, Enten sammeln sich an Gewässern.

Die ersten Wildgänse und andere Wintergäste treffen ein: Bergfinken, Saatkrähen und Dohlen in großen Gemeinschaften.

November

vereinzelte NACHZÜGLER auf dem Weg nach Süden: Kranich, Hausrotschwanz, Zilpzalp, Singdrossel, Feldlerche, Kiebitz, Star, Rotkehlchen ...

Weitere WINTERGÄSTE kommen an: Merlin, Kornweihe, Raubwürger, viele Wasservögel, Kormorane, große Saatkrähenschwärme, Bergfink, Gimpel, Erlen- und Birkenzeisig ...

Dezember

Einige Arten suchen jetzt verstärkt die Nähe der Menschen und sind häufig am FUTTERPLATZ im Garten anzutreffen: Kohlmeise, Amsel, Haussperling, Blaumeise, Rotkehlchen, Buchfink, Gimpel, Grünfink, Elster, Feldsperling, Kernbeißer, Türkentaube, Zaunkönig, Erlen- und Birkenzeisig ...

An eisfreien Gewässern kannst du wieder große Gruppen von Wasservögeln beobachten z.B. Enten, Möwen, Blässhühner, Taucher...

Wird im Winter die Nahrung knapp, kommen auch Raufußbussard, Seidenschwanz und Tannenhäher aus dem Nordosten zu uns.

* Seite 25, wir erinnern uns?

Norden, Osten, Süden, Westen – Jede Himmelsrichtung hat dir was zu bieten!

Die meisten Vogelarten, die ich in diesem Buch vorstelle, kannst du nahezu überall in Deutschland beobachten. Es gibt aber auch ausgeprägte „locals". Das kann unterschiedliche Gründe haben. Manche Arten sind auf ganz spezielle Umweltbedingungen angewiesen, die sie nur in bestimmten Habitaten (Lebensräumen) vorfinden. Andere sind nur kurze Zeit zu Gast bei uns. Sie fliegen auf festen Routen zu festen Standorten und sind dann in der Regel auch nur dort anzutreffen. Wieder andere werden von natürlichen Barrieren daran gehindert, sich in alle vier Winde zu zerstreuen. Ein paar „lokale Spezialitäten" möchte ich dir hier ans Herz legen:

Ändern sich die Bedingungen wie beispielsweise das Klima, können sich auch die Verbreitungsgebiete einzelner Arten verändern. So kannst du zum Beispiel den Schlagwirls mittlerweile auch in der Eifel beobachten.

Die Vogeluhr
Der frühe Vogel singt allein.

Nicht nur das Vogeljahr, auch der Vogeltag folgt seinem eigenen Rhythmus. Viele Arten beginnen beispielsweise ihren Gesang immer zur gleichen Zeit. Bezugspunkt ist dabei der SONNENAUFGANG. Diese „Vogeluhr" kannst du nutzen, um dich an das Thema Vogelstimmen heranzutasten.

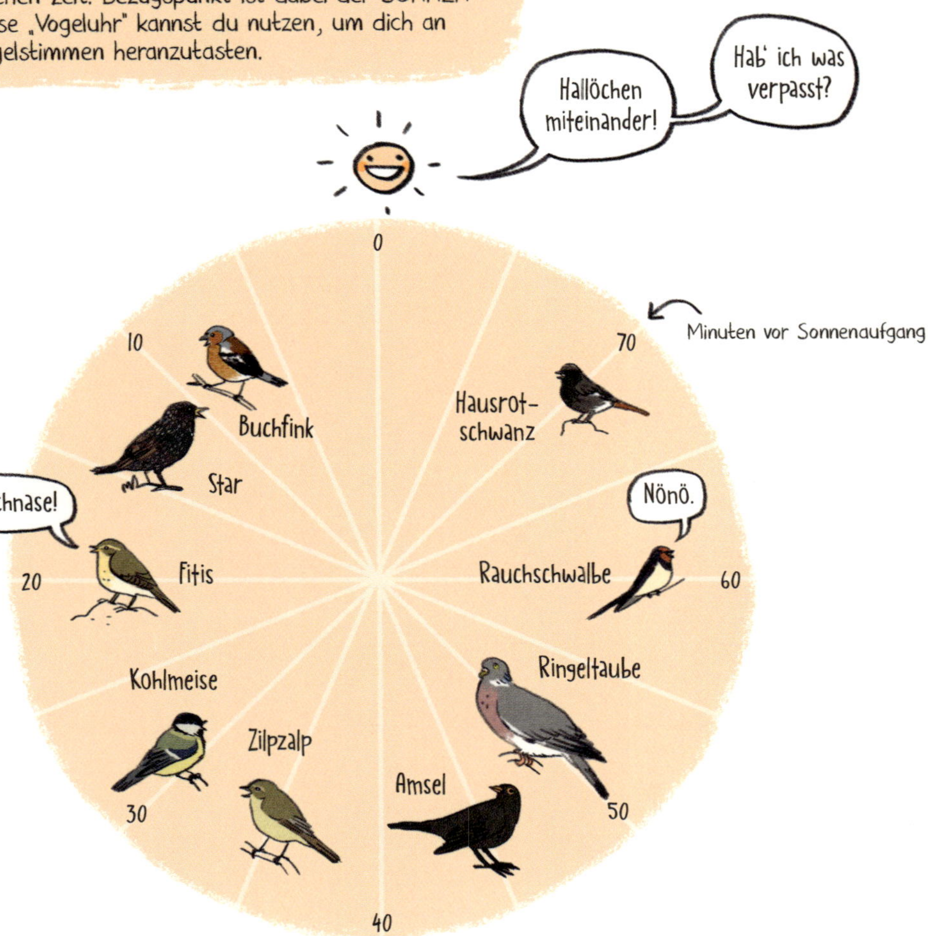

Mooooment mal ... VOR Sonnenaufgang?!? Stimmt leider, viele Singvögel sind ausgesprochene Frühaufsteher. Das ist der einzige Haken an der Sache. Und trotzdem, soltest du mal an den Punkt kommen, an dem du das Gefühl hast, mehr Vögel zu hören, als du tatsächlich beobachten kannst: Probier es doch mal mit der guten alten Vogeluhr.

Amsel und Zilpzalp sind dank ihres eingängigen Gesangs gute Kandidaten für den Einstieg. Gelingt es dir, ihre Stimmen zu erkennen? Kannst du herausfinden, welche Art in deinem Umfeld zu den besonders eifrigen Sängern gehört?

Stadt, Land, Wald ... Das Beobachtungsgebiet

Vögel lieben abwechslungsreiche Lebensräume, die ihnen ausreichend Nahrung, Verstecke und Brutplätze bieten. Einige Arten haben ganz spezielle Ansprüche und sind auf bestimmte Gebiete beschränkt, andere können sich besser anpassen und dadurch neue Lebensräume erobern.

Je vielseitiger die Landschaft ist, desto größer ist sehr wahrscheinlich auch die Anzahl der Arten, die dort leben. NATURSCHUTZGEBIETE sind zum Beispiel ein guter Ausgangspunkt für Beobachtungen in der freien Natur.

Für die Vogelbeobachtung bieten sich darüber hinaus ruhige und reich strukturierte Landstriche an. Eine vielfältige, für Vögel attraktive Kulturlandschaft zeichnet sich zum Beispiel durch eine Mischung an Weiden, Obstwiesen, Hecken und Feldern aus.

Naturbelassene Feuchtgebiete und Gewässer zählen zu den HOT SPOTS der Artenvielfalt und sind bei Birdwatchern beliebte Ausflugsziele. Steinbrüche und Schlickflächen sind ebenfalls einen Blick wert.

In Wäldern dagegen sind Vögel meist gut verborgen unterwegs. Daher „lohnt" sich dieses Gebiet am Anfang nur bedingt.

Der magische Vogelmoment des Tages könnte allerdings schon direkt vor deiner Haustür stattfinden*. Auch die STADT selbst ist ein überaus vielseitiger Lebensraum, den wir uns mit vielen Vogelarten teilen.

* David Lindo: URBAN BIRDING, siehe S. 128ff

STADTVÖGEL ...

Erkunde deine Nachbarschaft mit Vogelaugen: Vögel lieben naturbelassene Gärten, dichte Hecken und Wiesen. Kennst du Parkanlagen, Botanische Gärten, Friedhöfe ... bevorzugt mit altem Baumbestand?

Es lohnt sich auch, Brücken, Flugplätze oder Gewässer anzusteuern. Du wirst schnell merken, dass die Artenvielfalt in unseren Städten erstaunlich groß ist.

… und wo sie ursprünglich herkommen.

Wald

Nachtigall
Uhu
Gimpel
Turteltaube
Star
Amsel
Drosseln
Elster
Zilpzalp
Kuckuck
Waldohreule
Rotkehlchen

Gewässer Feuchtgebiete

Reiher
Rauchschwalbe
Bachstelze
Mehlschwalbe
Wasseramsel
Stockente
Teichrohrsänger
Lachmöwe
Teichhuhn
Blässhuhn
Höckerschwan
Eisvogel
Haubentaucher

ländlicher Raum

Rauchschwalbe
Rotmilan
Feldlerche
Grünfink
Mönchsgrasmücke
Türkentaube
Sperber
Bachstelze
Star
Rabenkrähe
Buchfink
Saatkrähe
Ringeltaube
Dohle
Drosseln
Turmfalke
Elster
Nachtigall
Reiher
Stieglitz
Feldsperling
Weißstorch

Als angehender Birdwatcher musst du jetzt im Grunde nichts weiter tun, als einen Platz zu finden, den du regelmäßig aufsuchen kannst. Das kann beispielsweise eine Parkbank auf dem Weg zur Arbeit oder eine Futterstelle in deinem Garten sein.

Welche Vögel siehst du dort regelmäßig? Sind es früh am Morgen die gleichen Arten wie am Nachmittag? Machen Vögel eine Mittagspause? Wie verändert sich die „Besetzung“ im Jahresverlauf?

Fünf kuriose Stadtgeschichten

Die Stadt ist nicht nur ein vielfältiger, sondern auch ein extremer Lebensraum. Ob taghell erleuchtete Straßenzüge oder stetig lärmender Verkehr - das Zusammenleben mit uns Menschen bringt auch Herausforderungen mit sich. Es hat bei einigen Stadtvögeln im Laufe der Zeit die ein oder andere verblüffende Verhaltensanpassung zur Folge gehabt.

Wusstest du, ...

1. ... dass in Mexico City eigens eine Studie durchgeführt wurde, weil Sperlinge ihre Nester häufig mit zerrupften ZIGARETTENSTUMMELN auspolstern? Die Stummel vermindern den Milbenbefall der Nester und wurden von den Tieren gezielt gesammelt und eingebaut.

2. ... dass Stadtvögel Lautstärke und Tonhöhe ihrer Gesänge an den Verkehrslärm angepasst haben? In Berlin konnte man sogar beoachten, dass Nachtigallen am Wochenende LEISER singen als an Werktagen mit höherem Verkehrsaufkommen.

3. ... dass Stadtamseln COOLER sind als Land-amseln? In unangenehmen Situationen schütten sie messbar weniger Stresshormone aus.

4. ... dass Stadtvögel aufgeweckter und KREATIVER sind als ihre Artgenossen vom Land? Im komplexen städtischen Umfeld sind häufig DIE Tiere erfolgreich, die sich immer neue Lösungen für Herausforderungen wie Nestbau oder Futtersuche ausdenken können.

5. ... dass sich männliche Blaumeisen erfolgreicher paaren (mehr Nachkommen zeugen), wenn sie in der Nähe von Straßenlaternen leben?

Gestalt & all that Jizz

So kannst du Vögel erkennen & unterscheiden!

Neben Lebensraum, Jahreszeit, Verbreitung und Verhalten ist natürlich auch das Aussehen der Tiere wichtig für die Bestimmung. Erfahrene Vogelbeobachter*innen haben bereits viele verschiedene Vogelmerkmale erkennen und unterscheiden gelernt, die die Zuordnung eines Vogels zu einer Gruppe ermöglichen. Wir hingegen müssen uns hier erst mal grob orientieren.

Erkenne den Jizz!

Zaunkönig aka der emsige Heckenwusler

Den Jizz* eines Vogels erkennen, das kann man wohl als Endgame der Vogelbeobachtung beschreiben. Jizz (GISS, Gis, Gestalt ... whatever) umschreibt den GESAMTEINDRUCK eines Vogels: In erster Linie sind das Form (Körperbau, Haltung, Größe) und Gefieder. Aber auch Flugstil und andere charakteristische Bewegungen, Lebensraum, Gesang und Standortdaten sind untrennbar mit dem Jizz verbunden. Erfahrenen Birdern genügt oft ein kurzer Blick, um den Jizz eines Vogels zu erfassen. Zahllose Beobachtungsstunden und umfangreiches Hintergrundwissen fließen in diese Fähigkeit mit ein. Den Jizz vieler Vögel im Repertoire zu haben, ist nicht nur hilfreich, es ist auch ein tolles Gefühl, sich immer sicherer durch die Vogelwelt zu bewegen. So werden aus Vögeln am Wegesrand langsam gute Bekannte. Um den Jizz besser trainieren zu können, kannst du dich im Folgenden mit den wichtigsten Vogelmerkmalen vertraut machen.

* Nein, nicht DIESER Jizz, ihr kleinen Schweinchen!

Die wichtigsten Bestimmungsmerkmale

Lebensraum	Wo ist dieser Vogel üblicherweise anzutreffen? Wo hält er sich eher selten bis gar nicht auf? So grenzt du in Frage kommende Arten ein.
Vorkommen	Wo ist dieser Vogel heimisch, in Europa, Nordamerika, Osteuropa, Asien ...? Anhand des Ausschlussprinzips kannst du die Anzahl möglicher Vogelarten gewaltig einschränken.
Flugsilhouette	Das Flugbild eines Vogels am Himmel ist sowohl in seiner Gesamtheit und seinen Proportionen als auch in Einzelheiten wie Flügelform, Schwanzlänge oder Kopfgröße im Verhältnis zum Körper charakteristisch.
Größe und Gestalt	Im direkten Vergleich ist die Größe eines Vogels wichtiger Bezugspunkt aber auch Auschlusskriterium bei der Bestimmung. Häufig werden Vögel mit gut bekannten Referenzarten verglichen (z.B. spatzengroß, größer als...). Auch die Unterscheidung zwischen robustem und feingliedrigem Körperbau ist hilfreich.
Schnabelform & -färbung	sind an die Lebensweise der Tiere angepasst und erfüllen verschiedene Funktionen. Sie sind oft wichtige Unterscheidungsmerkmale bei ähnlichen Arten wie z.B. Grünfink und Erlenzeisig, Saatkrähe und Rabenkrähe ...
Schwanz	Länge, Proportion und Zeichnung des Schwanzes sind häufig gute Anhaltspunkte für eine Abgrenzung. Star und Amsel lassen sich so z.B. schon ohne Fernglas gut auseinanderhalten.
Gefieder	DAS Unterscheidungsmerkmal schlechthin. Das Gefieder eines Vogels gleicht einer Visitenkarte. Zugegeben, es ist anfangs ziemlich mühsam, sich all die kleinen Details und Unterschiede zu merken. Aber am Ende steht dir ein wertvolles Tool zur Vogelbestimmung zur Verfügung.
Verhalten	Charakteristische Verhaltensweisen wie Körperhaltung, Schwanzwippen, Tippeln und natürlich auffällige Flugmanöver runden das Vogelerlebnis ab und sind darüber hinaus spannend zu beobachten.
Gesang	Vogelstimmen sind ein weites Feld und schwierig zu erlernen. Der Aufwand lohnt sich aber. Einige Zwillingsarten wie Zilpzalp und Fitis lassen sich am Gesang gut auseinanderhalten. Gesänge und Rufe erlauben zudem auch dann eine Identifizierung, wenn die Tiere selbst gar nicht in Erscheinung treten.
Und außerdem?	Was immer dir hilft, Rückschlüsse auf die anwesenden bzw. gerade abwesenden Vögel zu ziehen: Nester, Eierschalen, Fraßspuren, Gewölle, aufgespießte Beute, Federn ...

Wer fliegt denn da?
Flugsilhouetten im Überblick

Fliegende Vögel sind meist nur als schwarzer Umriss am Himmel zu erkennen. Neben auffälligen Flugbewegungen (z.B. Rütteln eines Turmfalken) eignet sich diese Flugsilhouette (auch: Flugbild) gut für eine erste grobe Einordnung. Was fliegt da? Reiher? Greifvogel? Gans? Oder doch etwas Krähenartiges?

Hier fließt alles mit ein, was du auf größere Entfernung erkennen kannst: Größe, Körperbau, Größe und Proportionen der Körperteile (z.B. Kopf zu Körper) sowie Flügel-, Schnabel- und Schwanzform. Um sich einzelne Arten besser einprägen zu können, eignen sich Eselsbrücken. Mich erinnern Falken zum Beispiel an Anker, fliegende Stare an Papierflieger.

Mehlschwalbe
(Delichon urbicum)
lang!
Rauchschwalbe
(Hirundo rustica)
Feldlerche
(Alauda arvensis)
groß!
Steinkauz
(Athene noctua)
kurz!
lang
Star
(Sturnus
vulgaris)
Haussperling
(Passer
domesticus)
lang
kurz
Amsel
(Turdus merula)
Dohle
(Coloeus
monedula)
Elster
(Pica pica)
sehr lang
Bachstelze
(Motacilla alba)
groß!
Lachmöwe
(Chroicocephalus
ridibundus)
Saatkrähe
(Corvus frugilegus)
gebogen
Rebhuhn
(Perdix perdix)
Brachvogel
(Numenius arquata)
Kiebitz
(Vanellus
vanellus)
Kranich
(Grus grus)
Ach, guck!
Chroicocephalus
ridibundus!
GESUNDHEIT.
Graureiher
(Ardea cinerea)

Größe & Körperbau
Der erste Eindruck zählt.

Die Flugsilhouette ist nur EINE Möglichkeit, den Körperbau (die „Form") eines Vogels zu beschreiben. Den Körperbau verschiedener GRUPPEN zu kennen wird dir das Leben leichter machen. Wenn du grob vorsortieren kannst, ob du gerade Enten, Spechte, Tauben, etwas Amselartiges oder einen Greifvogel beobachtest, kannst du die Auswahl an Arten für die Bestimmung schon stark einschränken.

Auch VOGELARTEN werden im Bestimmungsbuch häufig anhand von Gestalt und Größe beschrieben. Vergleiche wie „kleiner, robuster, größer, schlanker ... als" sind natürlich nur hilfreich, wenn du die genannten Arten auch klar vor Augen hast. Versuche für den Anfang, dir die Gestalt und Größe der fünf häufigsten Vogelarten in deiner Umgebung als Basis einzuprägen.

Sperber
klein, etwa taubengroß

Sperber und Rotmilan kannst du schon aufgrund der Größe gut auseinanderhalten. Je ähnlicher sich Vogelarten allerdings sind, desto genauer müssen wir hinsehen und nach markanten DETAILS Ausschau halten. Das sehr große Sperberweibchen ist auf den ersten Blick kaum vom sehr kleinen Habichtmännchen zu unterscheiden. Und es kommt noch „schlimmer" ...

Habicht
kräftiger als Sperber

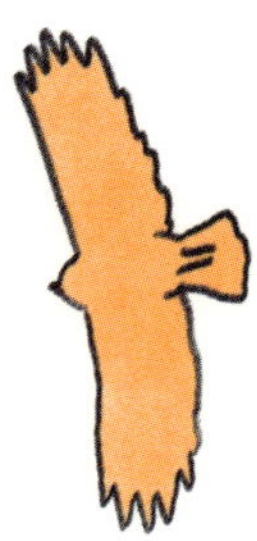

Mäusebussard
mittelgroß bis groß

Rotmilan
mittelgroß bis groß, größer als Bussard

Exkurs: Easypeasy-Vögel vs. Harte Nüsse

Wenn du mit der Bestimmung mal nicht weiterkommst, könnte es sein, dass du an eine Harte Nuss geraten bist. Aber keine Panik, das passiert jedem Birder. Im Fachjargon drückt man sich natürlich etwas gewählter aus und nutzt den Begriff PROBLEMARTEN. Die zeichnen sich dadurch aus, dass sie sich auf den ersten Blick durch nichts auszeichnen. Mit anderen Worten: Sie sehen sich sehr, sehr ähnlich. So ähnlich, dass man sie meist nur anhand ihrer Rufe, der Form und Größe ihrer Flügel – manchmal sogar nur anhand bestimmter DNA-Sequenzen unterscheiden kann. Na, schönen Dank auch.

Wiesenpieper?

Baumpieper?

Zilpzalp?

Fitis?

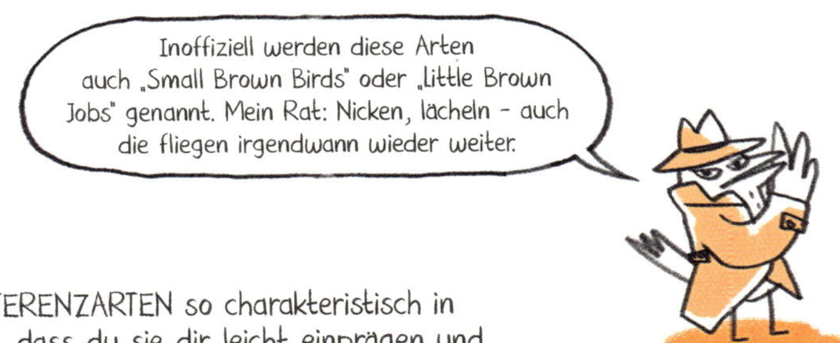

Im Gegensatz dazu sind REFERENZARTEN so charakteristisch in ihrer gesamten Erscheinung, dass du sie dir leicht einprägen und dann zum Vergleich mit unbekannten Arten heranziehen kannst.

Blaumeise

Amsel

Buchfink

Der Schnabel
Ein vielseitiges Werkzeug

Vogelschnäbel sind echte Multifunktionswerkzeuge. Sie dienen nicht nur der Nahrungsaufnahme, sondern werden auch für viele andere Aufgaben eingesetzt. Was bleibt den Vögeln auch sonst übrig – so ganz ohne Hände.

Die Form des Schnabels ist perfekt an die ökologische Nische* eines Vogels angepasst und verrät dir auf einen Blick sehr viel über seine Lebensweise. So kannst du zum Beispiel in vielen Fällen vom Schnabel schon auf Futtervorlieben schließen oder den zu bestimmenden Vogel bereits grob einer Gruppe (z.B. Greifvögel) zuordnen.

KEGELSCHNABEL (KÖRNERFRESSER)

vorne spitz, an der Basis breit: viele Finken z.B. Grünfink, Stieglitz, Goldammer, auffällig groß beim Kernbeißer

ALLESFRESSERSCHNABEL

kräftig, kantig, unspezialisiert: z.B. Dohle, Eichelhäher, Elster

PINZETTSCHNABEL (WEICHFRESSER)

spitz und durchgehend schmal: z.B. Bachstelze, Zilpzalp, Drossel, Mönchsgrasmücke, Amsel

KREUZSCHNABEL (ZAPFENFRESSER)

stark spezialisiert: z.B. Fichtenkreuzschnabel

* Die ökologische Nische umfasst ALLE Beziehungen zwischen einer Art und ihrer Umwelt, die sich im Laufe der Evolution herausgebildet haben.

SÄGESCHNABEL (FISCHFRESSER)

spitz oder hakenförmig gebogen, lang, manchmal verstärkt, an den Rändern mit kleinen Widerhaken versehen: z.B. Reiher, Kormoran

HAKENSCHNABEL (FLEISCHFRESSER)

Zerteilen der Nahrung: Greifvögel, Falken und Eulen

SONDIERSCHNABEL

spezialisiert auf die stochernde Futtersuche an Schlick- oder Wattflächen und in flachen Gewässern: diverse Wat- und Schnepfenvögel

ENTENSCHNABEL

flach und breit, an den seitlichen Rändern mit feinen Lamellen besetzt, um Pflanzen abzureißen und Wasser zu filtrieren: Enten, Gänse und Schwäne

Zusätzlich zum SCHNABELTYP lassen sich auch Farbe, Länge und Form (Dick oder dünn? Gerade oder gebogen? Basis gefiedert oder nicht? ...) vergleichen. Über das Ausschlussprinzip kannst du auch hier die Auswahl infrage kommender Arten stark einschränken. Es kann natürlich auch sein, dass gerade die Form oder Farbe des Schnabels dir DEN entscheidenden Hinweis zur Bestimmung eines Vogels liefert.

Der Vogelschwanz
Charakteristische Formen & Muster

Da wir jetzt den Schnäbeln so viel Aufmerksamkeit geschenkt haben, können wir unseren Blick eigentlich auch noch auf das entgegengesetzte Ende des Vogels richten: auf den Schwanz. Es gibt ein paar charakteristische Formen und Muster, über die du sehr wahrscheinlich im Laufe deiner Vogelbeobachtungen stolpern wirst.

Leider tun uns Vögel selten den Gefallen und halten still, bis wir alle wesentlichen Details erfasst haben. Wir müssen markante Punkte demnach so schnell wie möglich „abscannen". Neben Kopf und Flügeldecken sticht hier auch der Schwanz durch seine Form und Musterung häufig hervor.

1. SECHS CHARAKTERISTISCHE SCHWANZFORMEN

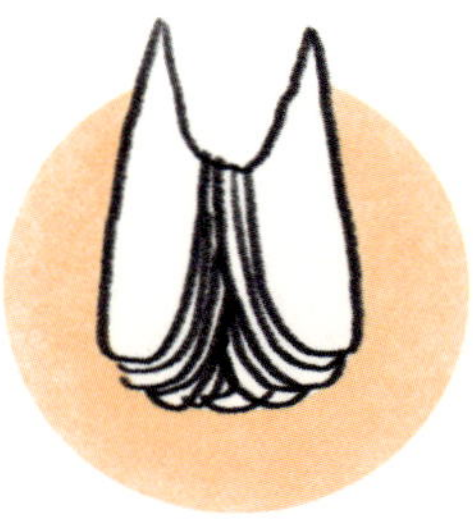

GERUNDET
z.B. Mäusebussard

ABGESCHNITTEN
z.B. Gelbspötter

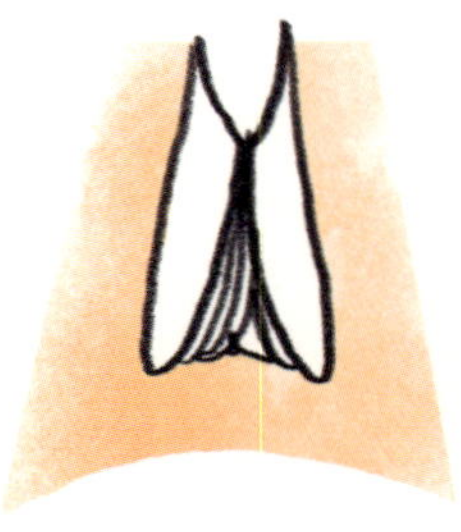

GEKERBT
z.B. Lerchen, Fitis

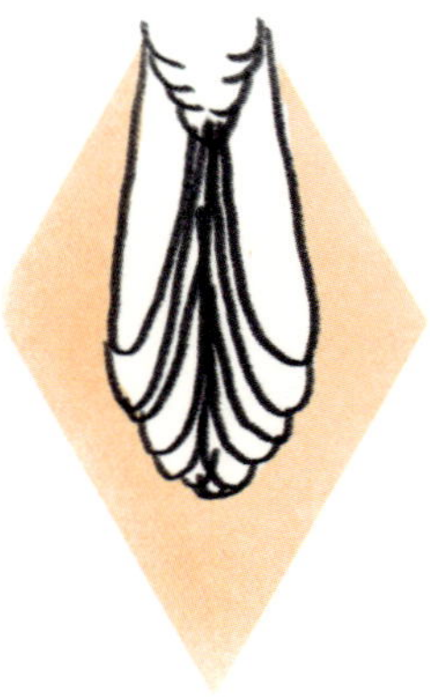

KEILFÖRMIG
z.B. Kolkrabe, Elster

GEGABELT
z.B. Rotmilan

SPITZ
z.B. Rauchschwalbe

Ein gegabelter Schwanz unterscheidet den Milan eindeutig vom Mäusebussard. Ein dunkles T-Muster mit gelben Seiten verrät dir, dass sich da gerade ein Erlenzeisig und kein Girlitz aus dem Staub macht. Nicht verzagen. Gib dir genug Zeit. Sobald du den Bogen raus hast, ist es gar nicht mehr so schwierig, deinen Blick gleich auf das Wesentliche zu lenken.

2. WICHTIGE ZEICHNUNGSMUSTER AM VOGELSCHWANZ

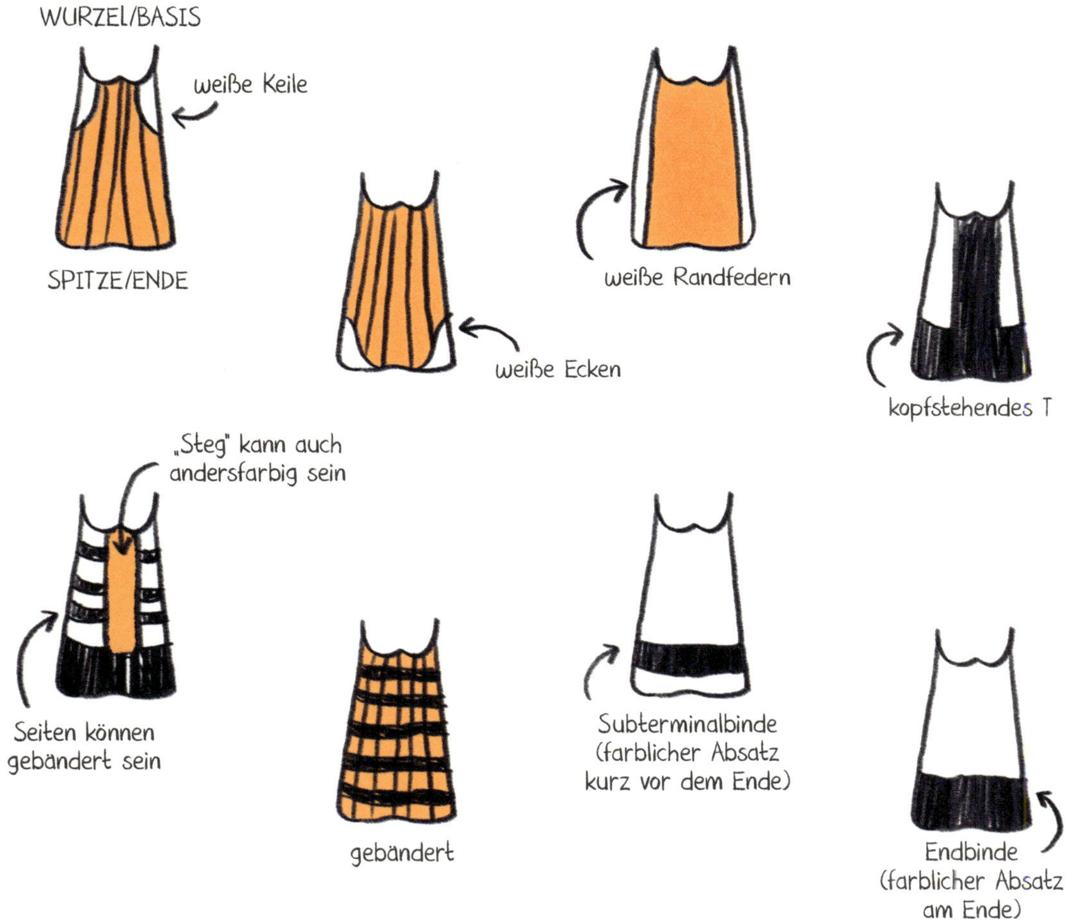

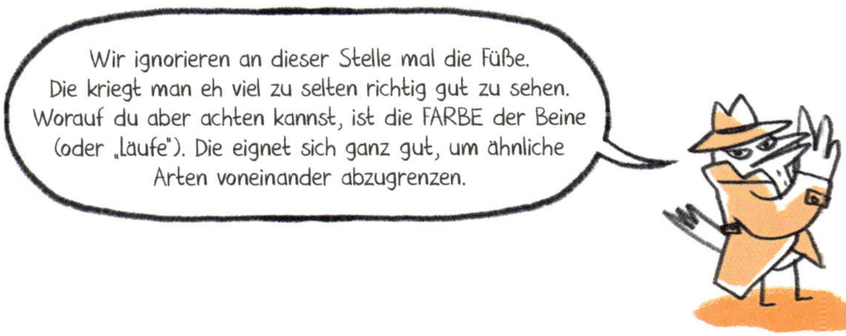

Das Gefieder
Die Visitenkarte eines Vogels

Egal ob in der Luft oder am Boden – jeder Vogel trägt sein Gefieder immer bei sich, wie eine Visitenkarte. Erfahrene Birder können eine Menge daraus ablesen: Welche Art ist das? Männchen oder Weibchen? Jungtier oder Altvogel? Frisch gemausert oder kurz davor? Und du? Kannst du diese Superfähigkeit auch erlernen? Klar. Alles was du dafür brauchst, ist zunächst mal etwas Grundlagenwissen über die wichtigsten Körperteile, Gefiederpartien und Zeichnungsmuster.

1. KÖRPERTEILE UND GEFIEDERPARTIEN IM ÜBERBLICK

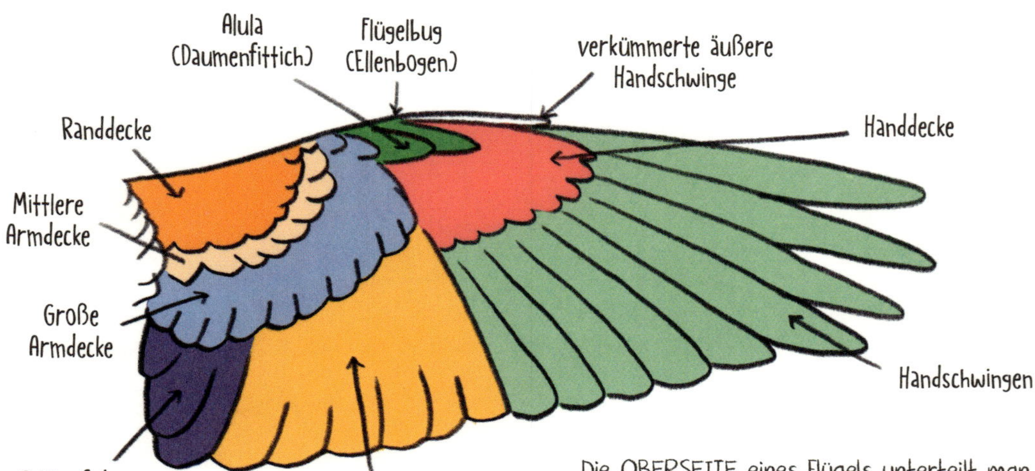

Die OBERSEITE eines Flügels unterteilt man grob in Flügeldecken und -schwingen. Arm- und Handschwingen kannst du auch auf der UNTERSEITE sehen.

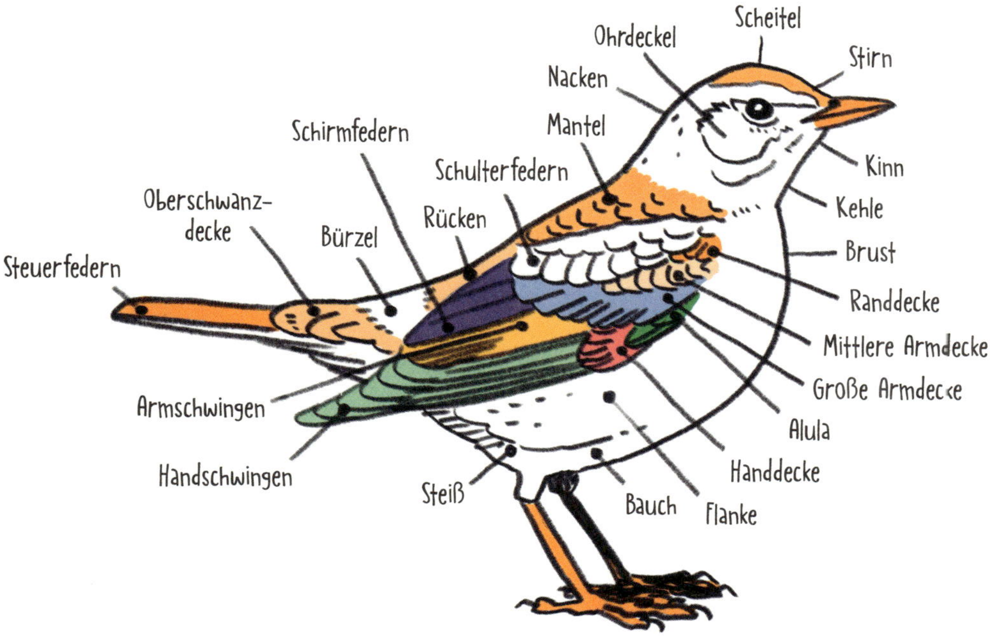

2. DIE WICHTIGSTEN ZEICHNUNGSMUSTER IM ÜBERBLICK

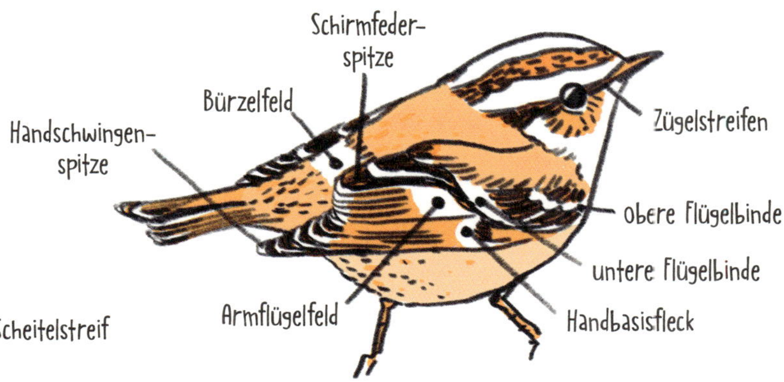

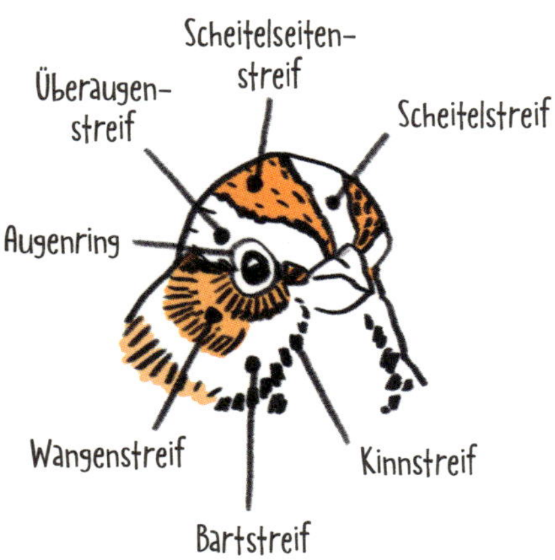

Um diese Vokabeln kommst du nicht herum, wenn du irgendwann mit dem Bestimmungsbuch arbeiten oder dich mit anderen Vogelfreund*innen austauschen willst. Sie prägen sich allerdings viel leichter ein, wenn du sie häppchenweise einübst. Beginne beispielsweise bei der nächsten Vogelrunde mit dem Kopf. Versuche, ihn bei möglichst vielen, unterschiedlichen Vögeln zu beobachten. Kannst du Details und Unterschiede wahrnehmen und beschreiben, bevor der Vogel sich wieder aus dem Staub macht? Zu zweit könnte man sogar eine kleine Challenge daraus machen!

Das Verhalten
Auffallen erwünscht!

Herauszufinden, wer einem da gerade vor die Linse geflattert ist, kann sehr befriedigend sein. Aber bei aller Liebe zum Detail und zur ornithologischen Detektivarbeit: Es ist doch eher selten das Gefieder, das uns innehalten lässt, wenn wir zum allerersten Mal auf einen Vogel aufmerksam werden. Was ist es dann? Manchmal reicht es schon, wenn ein Vogel ganz unerwartet in unserer Nähe auftaucht. Oder er tut irgendetwas, das wir uns beim besten Willen nicht erklären können …

Etwas creepy aber praktisch: Der Neuntöter legt in Nähe seines Nestes gerne einen kleinen Vorrat an AUFGESPIESSTEN LECKERBISSEN an.

Scheinbar bewegungslos am Himmel stehend, hält der Turmfalke nach seiner Beute Ausschau. Dieses RÜTTELN ist ein typisches Kennzeichen. Wenn du Glück hast, kannst du im Anschluss noch einen spektakulären Sturzflug mitbeobachten.

Alle gegen einen: Krähen sind sehr territorial veranlagt und MOBBEN selbst den größeren Bussard aus ihrem Revier.

Birding ist so viel mehr als nur stumpfes Identifizieren und Abhaken. Bei der Vogelbeobachtung sammeln wir nicht nur Eindrücke und Erfahrungen, wir lernen durch die Beobachtung und Nachbereitung auch eine ganze Menge über unsere Umwelt dazu. Vögel sind sozusagen der Schlüssel zur Natur, die dich umgibt. Vielleicht ist es deswegen so reizvoll, sie lesen zu lernen?

Aus der FERNE betrachtet, sind sich Star und Amsel zum Verwechseln ähnlich. Durch Haltung, Gesang und Fortbewegung kannst du sie trotzdem gut unterscheiden.

Raffiniert ausgetrickst! Um Fressfeinde von seiner Brut abzulenken, täuscht der Sandregenpfeifer einen gebrochenen Flügel vor. Diese Taktik ist auch als VERLEITEN bekannt.

Wagtail, Wippsteert, Wibbelstetzje, der Name verrät schon, welche typische Bewegung die Stelzen auszeichnet.

Nestbau, Balz, Revierverhalten … neben Futtersuche und Fliegen haben sich auch unsere heimischen Arten ein breites Repertoire an spannenden Verhaltensweisen zugelegt. Langeweile kommt also schon mal nicht auf. Nimm dir Zeit und genieße das Schauspiel. Die Frage, was zum Geier du da eigentlich gerade gesehen hast, schleicht sich meist ganz von alleine in dein Bewusstsein.

Vogelstimmen erkennen & unterscheiden

Im Laufe der Evolution haben sich bei Vögeln akustische Signale wie Gesänge und Rufe herausgebildet, die zur Kommunikation genutzt werden. Zufälligerweise finden wir die auch ganz ansprechend. So ist das Hinhören an sich schon mit Genuss verbunden. Außer vielleicht, man liegt morgens um vier im Bett und möchte eigentlich schlafen ... Die Tiere allerdings profitieren von dieser Art der Kommunikation:

* Weltweit sind singende Weibchen übrigens die Regel. In Europa & den USA sind viele wieder „verstummt".

Vogelgesänge verbreiten ihre unmissverständliche Botschaft auch in der Dunkelheit und über weite Strecken hinweg. In der Balzzeit lautet diese zum Beispiel: Hier schmettert ein kräftiger und wehrhafter Vertreter der eigenen Art sein Lied. Konkurrenten werden gewarnt, Weibchen auf sich aufmerksam gemacht und gelotst, Verwechslungen ausgeschlossen:

Same same, but different: Sommer- und Wintergoldhähnchen

Gesänge

... dienen der Abgrenzung des Reviers. Sie sind länger und komplexer als Rufe, bestehen aus verschiedenen Einheiten, die wie Strophen aneinandergereiht werden. Singvögel müssen das Singen üben und verbessern. Der „Jugendgesang" unterscheidet sich daher in der Regel deutlich von dem erwachsener Tiere.

Rufe

... sind alle kürzeren Laute, die von Männchen, Weibchen und Jungtieren geäußert werden. Jede Art hat ganz eigene Kontakt-, Lock- und Bettelrufe entwickelt. So erkennen sich Artgenossen und vermutlich sogar Familienmitglieder gegenseitig. Warnrufe sind relativ häufig und werden auch artübergreifend „verstanden".

* besonders auffällig z.B. beim Buchfirk

Vogelstimmen
Der erste Kontakt

Wie schwierig kann es wohl werden, Vögel anhand ihrer Laute auseinanderzuhalten? Erträgst du die ernüchternde Wahrheit? Mitunter ZIEMLICH schwierig. Viele Vögel haben ein großes Repertoire an vielfältigen Gesängen. Imitationskünstler wie Star oder Eichelhäher locken sogar gestandene Profis immer wieder auf falsche Fährten. Vogelstimmen erschließen sich uns selten intuitiv, dafür aber sehr individuell.

Es gibt daher kein Patentrezept und keine Methode, die garantiert IMMER hilft. Höre beim nächsten Vogelspaziergang bewusst hin. Wie nimmst DU Vogelstimmen wahr? Was lösen sie in dir aus? Was kannst du als Gedankenstütze nutzen?

Mal unverbindlich ausprobieren?

1. Eselsbrücken & Merksätze
2. Notizen & Lautmalerei
3. Bilder im Kopf
4. Vergleich mit Alltagsgeräuschen
5. „Beat" oder Tonart des Gesangs
6. „klingende" Namen (Zilpzalp, Uhu ...)

Der SUMPFROHRSÄNGER hat zum Beispiel einen unglaublich variantenreichen Gesang. Er hört sich dabei für mich aber immer ein bisschen so an, als würde er gerade am Sampler ein paar coole Beats zusammenwürfeln.

Die MÖNCHSGRASMÜCKE wirkt meist ein wenig atemlos und überdreht, als hätte sie ein paar Tassen Kaffee zu viel intus.

Der Gesang der WASSERAMSEL* klingt in meinen Ohren wie tröpfelnd schmelzendes Eis.

Und jetzt bist DU dran!

Unsere Vogelspezialist*innen geben dir Starthilfe

* WISSENSWERT: Wasseramsel, Blaumeise und Rotkehlchen gehören zu den heimischen Arten, bei denen beide Geschlechter singen!

Exkurs:
So lerne ich Vogelstimmen.

Vogelstimmen sind für mich die dunkle Seite der Vogelbeobachtung. Gesänge aus dem großen Chor herauszuhören, zu unterscheiden und richtig zuzuordnen – da bin ich maximal unbegabt.

Daher bearbeite ich sie wie Vokabeln einer fremden Sprache. So kann ich meinen „Fundus" Stimme für Stimme erweitern. Mühsam, zugegeben. Aber einen Vogel zum ersten Mal ungesehen erkennen zu können – das macht dann doch einiges wieder wett.

1. DATEN SAMMELN & GENAU ZUHÖREN

Das mache ich allerdings nicht draußen, sondern zuhause. Dort kann ich mich in Ruhe auf einen Vogel konzentrieren. Ich sammle also tatsächlich erst einmal Tonaufnahmen einer Art (möglichst aus vielen unterschiedlichen Quellen, damit ich das komplette Repertoire einer Art und die lokalen Unterschiede im Gesang auch mitbekomme.) und höre sie so oft und lange an, bis ich langsam zu PUNKT 2 übergehen kann.

WO FINDE ICH BRAUCHBARE TONAUFNAHMEN?

Im Netz suche ich in der Regel erst einmal nach Videos. Wenn Gesang und Bild miteinander verknüpft sind, fällt mir das Einprägen leichter. Ebenfalls hilfreich: Wenn der Name des Vogels in Verbindung mit seinem Gesang auch erwähnt wird.
Die wohl umfassendste Sammlung an Tonaufnahmen aus ganz Europa bietet Xeno-Canto.org an. Für den Anfang sind Videos und CDs oder interaktive Bücher (z.B. KOSMOS PLUS, siehe Seite 124 ...) aber völlig ausreichend.
Falls du ein Diktiergerät oder Smartphone dabei hast, kannst du auch eigene Aufnahmen machen, die du dann zuhause in Ruhe nachhören und vergleichen kannst.

2. ANALYSE & ASSOZIATIONEN

Die zentrale Frage bei diesem Schritt ist: Woran erinnert mich der Gesang? Gibt es ein charakteristisches „Motiv" oder eine „Stimmung"? Alles was hilft, den Gesang in meinem Kopf zu verankern, ist erlaubt: Wilde Assoziationen, Alltagsgeräusche, Bilder... meistens endet es damit, dass ich den Vögeln eine Art „Persönlichkeit" verpasse, wie die überdrehte Mönchsgrasmücke oder den etwas dümmlich klingenden Zilzalp (wertungsfrei, versteht sich ...).

3. TRAINING & KONTROLLE

Zwischen PUNKT 1 und 2 springe ich so lange hin und her, bis ich den ausgewählten Vogel draußen erkennen (Das alleine ist schon eine echte Herausforderung.) und korrekt identifizieren kann.

Da ich natürlich nicht stundenlang am Stück und ausschließlich Vogelstimmen pauke, dauert das bei einer einzelnen Art gerne mal mehrere Wochen. Aber Stimmen, die ich einmal auf diese Art verinnerlicht habe, bleiben dafür auch „abrufbar".

Und sonst so? Verräterische Spuren

Vögel flattern zwar auf sanften Schwingen, aber keinesfalls spurlos durch die Welt. Selbst wenn du mal kein Tier zu Gesicht bekommst, gibt es immer noch eine Menge Hinweise auf ihre Anwesenheit zu entdecken:

Nester

Während der Brutzeit solltest du die Vögel am Nest unbedingt in Ruhe lassen. Da Singvögel ihre Nester aber meist nur einmal benutzen, hast du im Spätsommer und Herbst ausreichend Gelegenheit dazu, sie genau unter die Lupe zu nehmen. Nistmaterial, Standort und Form unterscheiden sich von Art zu Art.

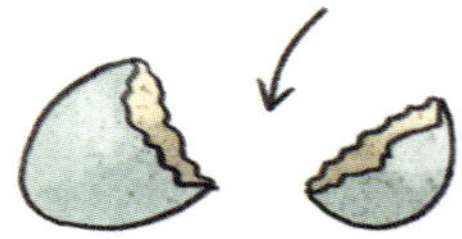

Eier

Form, Farbe und Größe der Eier sind artspezifisch. Sind die Jungen geschlüpft, tragen die Eltern die Schalen vom Nest weg oder fressen sie auf. Im Frühling und Frühsommer hast du also gute Chancen, auf dem Boden verstreute Eierschalen zu finden. Auch hier gilt: Finger weg von Gelegen im Nest!

Gewölle

Gewölle – oder auch Kotzkugeln, wie ich sie liebevoll nenne – bestehen aus ausgewürgten, unverdaulichen Nahrungsresten (Knochen, Fell, Federn, Insektenpanzer und leider häufig auch Plastik und anderer Abfall). Sie werden von Greifvögeln, Eulen und vielen weiteren Arten produziert (eine nette Umschreibung…) und geben Aufschluss über deren aktuellen Speiseplan.

Federn

Deckfedern, Daunenfedern, Schwungfedern… sie alle erfüllen unterschiedliche Aufgaben. An ihnen kannst du außerdem eine ganze Menge ablesen. Ist die Feder zerschlissen oder neu? Von welchem Körperteil stammt sie? Welche Funktion hatte sie? Wurde sie abgebissen, gerupft oder während der Mauser abgestoßen?

Exkurs:
Vogeleier im Überblick

Lass uns einen genaueren Blick auf Vogeleier werfen. Du kannst sie aufgrund verschiedener Merkmale zuordnen. Dazu zählen Gelegegröße, Nistplatz und Brutzeit. Da wir die Tiere aber gerade in der Brutzeit in Ruhe lassen wollen, konzentrieren wir uns auf das Aussehen. Hier sind es vor allem die GRUNDFARBE und die ZEICHNUNG der Eier, die dich auf die richtige Spur führen.

ZAUNKÖNIG
ca. 17 x 12 mm

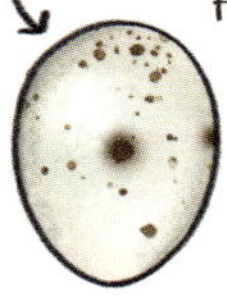

BUCHFINK
ca. 19 x 15 mm

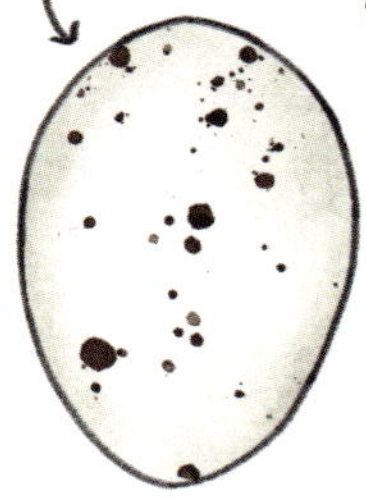

PIROL
ca. 32 x 22 mm

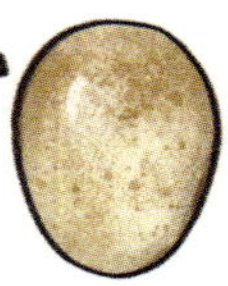

ROTKEHLCHEN
ca. 20 x 15 mm

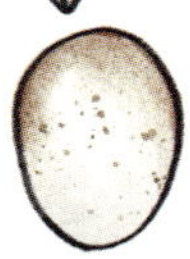

BLAUMEISE
ca. 16 x 12 mm

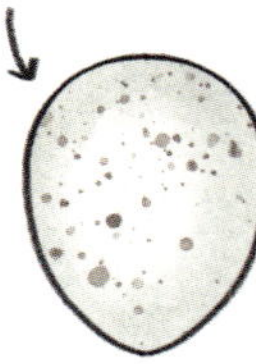

BACHSTELZE
ca. 20 x 17 mm

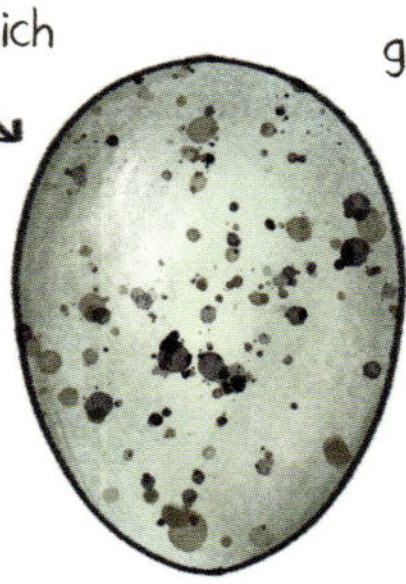

DOHLE
ca. 35 x 25 mm

HAUSROTSCHWANZ
ca. 20 x 15 mm

KLEIBER
ca. 19 x 15 mm

türkisblau bis grün
braun gesprenkelt

AMSEL
ca. 30 x 22 mm

blaugrün
schwarz gefleckt

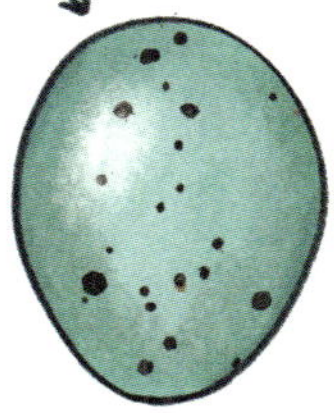

SINGDROSSEL
ca. 27 x 20 mm

hellblau bis blaugrün
ohne Zeichnung

STAR
ca. 30 x 21 mm

weiß, grünlich bis grau
braun tw. sehr dicht gefleckt

HAUSSPERLING
ca. 22 x 16 mm

gelblich
braun gefleckt

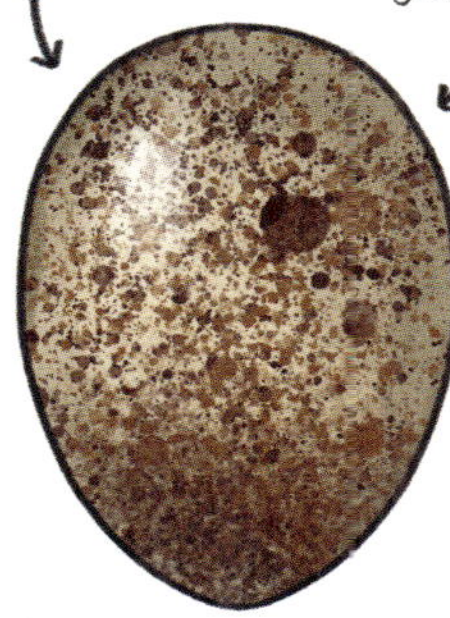

TURMFALKE
ca. 42 x 35 mm

oliv- bis rotbraun
braun gefleckt

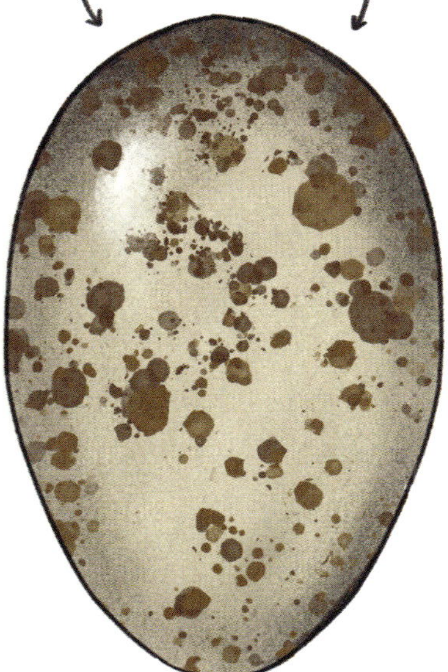

KRANICH
ca. 98 x 62 mm

weißlich
hellbraun gefleckt

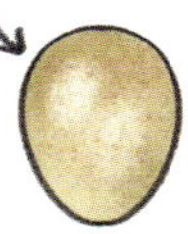

WINTERGOLDHÄHNCHEN
ca. 14 x 10 mm

gelblich bis grünbräunlich
ohne Zeichnung

NACHTIGALL
ca. 20 x 16 mm

Solltest du Spaß an der Eierbestimmung finden, schau mal in die Quellenangaben. Dort habe ich Literatur zum Thema aufgeführt. Vielleicht nutzt du ja auch schon die NABU Vogelwelt App? Dann könnte sich der Kauf des „Eierpakets" für dich lohnen.

Everybody's Darlings

50 einsteigertaugliche Vogelarten

1. Du kennst die wichtigsten Grund- und Verhaltensregeln der Birding-Community.

2. Du kannst einschätzen, welche Ausrüstungsgegenstände du WIRKLICH brauchst, wie du sie auswählst und wofür du sie benutzen kannst.

3. Du weißt, wann und wo du mit welchen Vögeln rechnen kannst.

4. Du kennst die wichtigsten Bestimmungsmerkmale und (körperlichen) Eigenschaften, die dir helfen können, einen Vogel besser einzuordnen.

5. Du konzentrierst dich aber nicht nur allein auf das Aussehen, sondern weißt auch, wie wichtig Verhalten, Gesänge und Spuren sein können.

Welche Arten werden hier vorgestellt?

Im folgenden Buchabschnitt stelle ich 50 Vogelarten vor, die ich guten Gewissens als „einsteigerfreundlich" bezeichen würde. Was bedeutet das genau? Die Häufigkeit oder der Bekanntheitsgrad einer Art sagt erst einmal wenig darüber aus, wie gut einzelne Arten aufzufinden oder wie leicht sie zu identifizieren sind. Nachtigall oder Feldlerche beispielsweise sind sehr bekannt, aber würdest du sie auch ERKENNEN? Dann gibt es noch das Problem mit der individuellen Wahrnehmung: Nur weil mir unterwegs Meisen besonders auffallen, sind sie nicht automatisch die häufigsten Vögel in meiner Gegend. Kurz: Es ist kompliziert. Also habe ich hier bewusst hauptsächlich Arten ausgewählt, die

1. häufig,
2. gut sichtbar,
3. gut zu erkennen,
4. leicht zu merken,
5. schwer zu verwechseln sind.

Wie ist dieser Abschnitt aufgebaut?

In den meisten Bestimmungsbüchern werden die Arten entsprechend der biologischen Systematik aufgelistet und behandelt. Systematik ist ein Versuch, etwas ORDNUNG in die Vielfalt der Arten zu bringen. Sie ist eine aktuelle MOMENTAUFNAHME dessen, was wir über stammesgeschichtliche Entwicklung (kurz gesagt: von der Urzeit bis heute) und Verwandschaftsverhältnisse von Lebewesen wissen. Momentaufnahme auch deswegen, weil es immer wieder vorkommt, dass die Systematik aufgrund neuer Erkenntnisse (z.B. aus der Molekularbiologie) überarbeitet und umgestellt werden muss. Und genau das passiert tatsächlich ständig im Stammbaum der Vögel, der an sich schon unangenehm unübersichtlich und weit verzweigt ist. Ich führe daher kurz in die Systematik ein, ignoriere sie für den Rest des Kapitels aber größtenteils gekonnt. Eng verwandte Arten stelle ich in Gruppen vor, ordne diese aber nicht weiter ein.

Was kannst DU damit anfangen?

Dieser Abschnitt ersetzt KEINEN Vogelführer und eignet sich auch NICHT zur zweifelsfreien Bestimmung einzelner Arten. Stattdessen findest du zu jeder der 50 Arten einen Kurzsteckbrief mit Abbildung, der dich bei der Vogelbeobachtung auf die richtige Fährte bringen kann. Du hast hier also die Möglichkeit, 50 Vogelarten ganz unverbindlich kennenzulernen. Betrachte es einfach als Speed-Dating mit ornithologischem Hintergrund, bei dem die Vögel in der freien Natur das Tempo und die Dauer vorgeben. Viel Spaß!

Wo findest du diese Arten?

Eine Auffinde-Garantie für Vögel gibt es nicht. Aber wie schon auf Seite 47 erwähnt, haben viele Arten bestimmte Vorlieben, was ihren Lebensraum angeht. Einige bevorzugen offene Wiesenlandschaften. Andere ziehen sich lieber in Bäume und Büsche zurück. Wieder andere kommen nur in Gewässernähe vor. Das ist sozusagen die KOMFORTZONE, die für jede Vogelart als Wohnraum (Habitat) besonders attraktiv ist. Sie bietet alles: geeignete Nahrung, Schutz und Nistmöglichkeiten.

Ein großer, komplexer LEBENSRAUM wie die Stadt besteht aus vielen kleineren Komfortzonen mit zum Teil ganz unterschiedlicher Ausstattung:

BAUMBESTAND Wald, Friedhof, Park, Garten...		Vögel lieben Bäume, sind dort aber eher schlecht zu sehen
OFFENE GRÜNFLÄCHEN Wiese, Acker, Brache, Park, Garten...	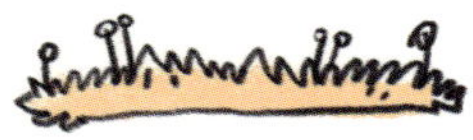	weite Sicht & viele Arten, die auf Nahrungssuche sind
HECKEN & GEBÜSCHE Wald, Friedhof, Park, Garten...		ähnlich wie Bäume
GEWÄSSER See, Bach, Fluss, Hafen...		meist weite Sicht & auch größere (Wasser-) Vögel gut zu beobachten

Aber Achtung, viele Vögel nehmen es mit den Grenzen ihrer Komfortzonen nicht ganz so genau, und oft genug überschneiden sich die Habitate unterschiedlicher Arten. Sie sind zudem äußerst erfinderisch, wenn es darum geht, sich neue Lebensräume zu erschließen. Nagel sie also lieber nicht darauf fest und versuche, offen zu bleiben. Suche dir einen geeigneten Beobachtungsplatz (Am besten etwas verborgen liegend mit weitem Blick) und lass die Vögel in Ruhe auf dich zukommen.

Systematik Muss das sein?

Ja UND nein. Für LAIEN ist Systematik kaum mehr als unverständliches Kauderwelsch. Okay, Entenvögel und Spechte bilden zwei unterschiedliche Familien, das leuchtet vielleicht noch ein. Aber dann kommen diese unübersichtlichen Sperlingsvögel ins Spiel und spätestens bei Röhrennasen (WTF?!) und Limikolen möchte man sein Bestimmungsbuch erst mal in die Ecke pfeffern.

Für DIE WISSENSCHAFT ist sie allerdings ein nützliches Werkzeug, um Arten voneinander abzugrenzen und einzuordnen.

Systematik-Spickzettel

(für Nerdy-Birds und alle, die es werden wollen)

RANG	Name
Reich	z.B. Tiere (Animalia)
Stamm Unterstamm	z.B. Wirbeltiere (Vertebrata)
Überklasse Reihe KLASSE Unterklasse	z.B. Vögel (Aves)
Überordnung ORDNUNG Unterordnung	z.B. Sperlingsvögel (Passeriformes)
Überfamilie FAMILIE Unterfamilie Tribus Subtribus	z.B. Rabenvögel (Corvidae)
GATTUNG Untergattung	z.B. Krähe (Corvus)
ART Unterart	z.B. Rabenkrähe (Corvus corone)

Überlassen wir an dieser Stelle den unübersichtlichen Stammbaum der Vögel mit all seinen unangenehmen Details den fortgeschrittenen Ornitholog*innen. Für uns sind vor allem 12 Gruppen interessant, aus denen sich unsere 50 ausgewählten Arten rekrutieren:

Sytematik für Einsteiger

SPERLINGSVÖGEL (Passeriformes)

TAUBEN (Columbidae)

SPECHTE (Picidae)

GREIFVÖGEL (Accipitriformes)

SEGLER (Apodidae)

SCHWALBEN (Hirundinidae)

ENTENVÖGEL (Anatidae)

SCHREITVÖGEL (Ciconiiformes)

RALLEN (Rallidae)

MÖWEN (Laridae)

RACKENVÖGEL (Coraciiformes)

HÜHNERVÖGEL (Galliformes)

EULEN (Strigiformes)

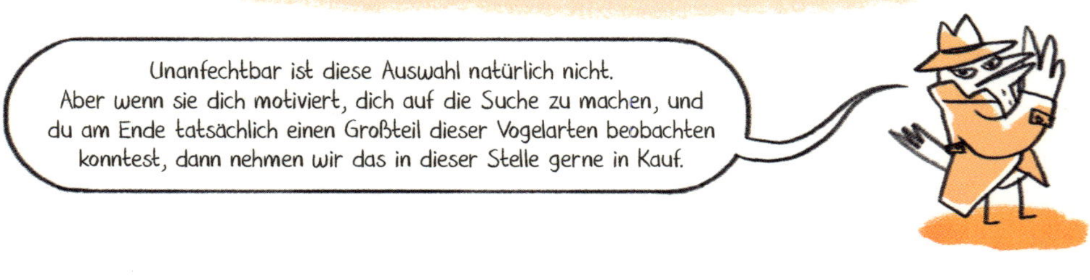

Sperlingsvögel
Passeriformes

Zur Ordnung der Sperlingsvögel zählen fast 6000 Arten bzw. rund 60% aller Vogelarten. Sie ist somit die artenreichste weltweit. Die bei uns lebenden Sperlingsvögel gehören alle zu den SINGVÖGELN. Auch diese Gruppe ist sehr vielfältig und umfasst Arten wie das winzige Wintergoldhähnchen ebenso wie den Kolkraben, der es auf eine Körperlänge von bis zu 67 cm bringen kann.

Drei Singvogel-Fakten To Go:

* WISSENSWERT: Sitzt der Vogel auf einem Ast, „sperren" die Hinterzehen, sodass er auch im Schlaf nicht herunterfällt.

Rein statistisch ist es fast unmöglich, dass du noch keinerlei Berührungspunkte mit mindestens einer Singvogelart hattest. Deswegen beginnen wir unsere Vorstellungsrunde an dieser Stelle mit ausgewählten Vertretern. Bühne frei für Amsel, Drossel, Fink & Star!

Vogel beobachtet? Kreuze an!

Vogel gehört? Male aus!*

○ **Rotkehlchen** – Erithacus rubecula 001

○ **Hausrotschwanz** – Phoenicurus ochruros 002

* WISSENSWERT: Häufig hören wir Vögel, lange bevor wir sie zum ersten Mal sehen. Wenn du eine helle Grundfarbe wälst, kannst du später immer noch ankreuzen.

○ **Amsel** – Turdus merula

003

○ **Singdrossel** – Turdus philomelos

004

○ Haussperling - Passer domesticus 005

○ Stieglitz - Carduelis carduelis 006

○ Buchfink - Fringilla coelebs 007

○ **Kernbeißer** – Coccothraustes coccothraustes 008

○ **Goldammer** – Emberiza citrinella 009

Rabenvögel ernähren sich zum Großteil von Samen, Aas, Insekten und Kleintieren. Nur gelegentlich fressen sie Jungvögel oder Eier. Sie sind NICHT für den Rückgang anderer Vogelarten verantwortlich. Als Aasfresser erfüllen sie stattdessen die Rolle der „Gesundheitspolizei".

○ Rabenkrähe - Corvus corone

010

Schwanz eher gerade

○ Nebelkrähe - Corvus cornix

011

In Experimenten verhalten sich Rabenvögel ähnlich „klug" wie Primaten. Sie setzen Werkzeuge ein und scheinen in der Lage zu sein, abstrakt zu denken und ihr Vorgehen entsprechend zu planen.

Rabenkrähen leben im Westen, Nebelkrähen im Osten. Sie entwickeln sich auseinander, können sich aber noch untereinander fortpflanzen. Entlang der Elblinie überlappen sich ihre Lebensräume. Dort kann man auch Mischformen (Hybride) beobachten.

○ **Saatkrähe** – Corvus frugilegus

○ **Kolkrabe** – Corvus corax

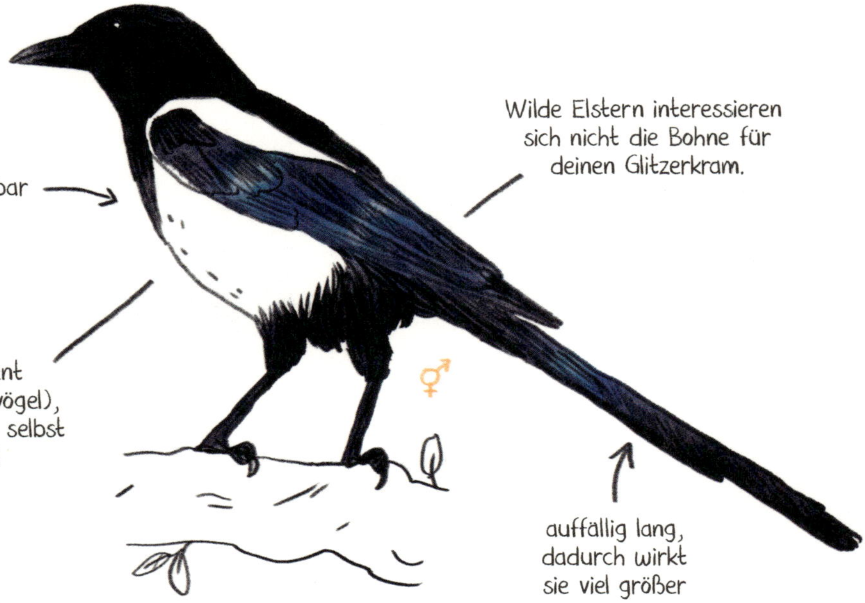

○ **Elster** – Pica pica 014

○ **Eichelhäher** – Garrulus glandarius 015

○ **Star** – Sturnus vulgaris 016

○ **Dohle** – Coloeus monedula 017

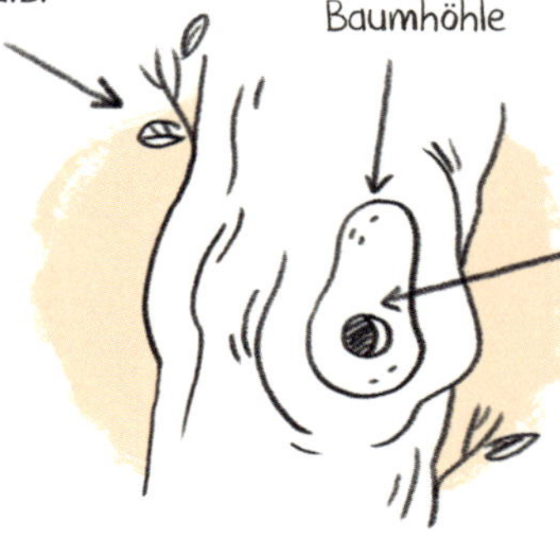

○ **Kleiber** – Sitta europaea

018

○ **Zaunkönig** – Troglodytes troglodytes

019

Bei Nahrungsmangel macht sie auch mal Jagd auf Zwergfledermäuse & wertet so ihren Speiseplan auf.

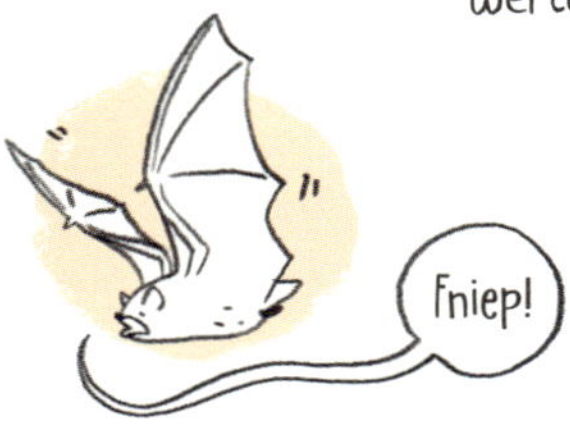

Das Klima hat großen Einfluss auf das Zugverhalten vieler Vögel & kann so die Konkurrenz um Nistplätze verschärfen. Kohlmeisen konnten beobachtet werden, wie sie zartere Konkurrenten (z.B. Trauerschnäpper) äußerst rabiat aus dem Weg räumten, um deren Nistplätze dann selbst zu nutzen.

♂ leuchtend gelb mit breitem Bruststreifen

♀ blasser mit schmalem Bruststreifen

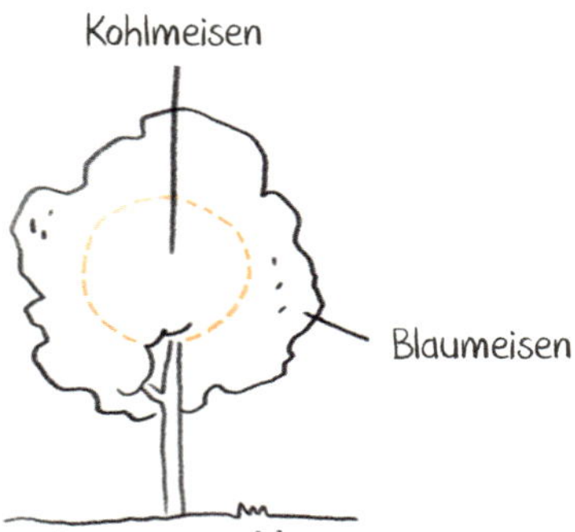

○ **Kohlmeise** – Parus major

020

Die kleinen & flinken Turner halten sich bevorzugt in den äußeren Ästen auf. Dort kommen die schwereren Kohlmeisen nicht hin.

♂ leuchtend blau

♀ blasser

Können Licht im UV-Bereich sehen, so unterscheiden sie Männchen von Weibchen.

○ **Blaumeise** – Cyanistes caeruleus

021

○ **Bachstelze** – Motacilla alba 022

○ **Schafstelze** – Motacilla flava 023

○ **Wasseramsel** – Cinclus cinclus 024

Tauben
Columbidae

Drei Tauben-Fakten To Go:

1. ausdauernde Meisterflieger mit starken Flügeln

2. Beide Eltern ernähren ihre Jungen gemeinsam mit einer nahrhaften Flüssigkeit aus dem Kropf (Kropfmilch).

3. Echte Globetrotter – du findest sie selbst auf den abgelegensten Inseln.

○ **Stadttaube** – Columba livia f. domestica 025

○ Türkentaube – Streptopelia decaocto

026

○ Ringeltaube – Columba palumbus

027

Spechte
Picidae

Drei Specht-Fakten To Go:

1. Der Spechtschwanz ist besonders stabil gefiedert & stützt den Vogel zusätzlich am Stamm.

2. Die Zunge einiger Arten kann bis zu 10 cm lang werden.

3. Bei den meisten Spechten zeigen zwei Zehen nach vorne & zwei nach hinten.

○ **Grünspecht** - Picus viridis 028

Spechte singen nicht, sie klopfen und meißeln. Dass sie sich dabei nicht ins Koma hämmern, verdanken sie ihrem einzigartigen Schädel. Der fängt – dank eingebauter Stoßdämpfer – den Großteil der Kraft ab oder leitet sie um das empfindliche Gehirn herum.

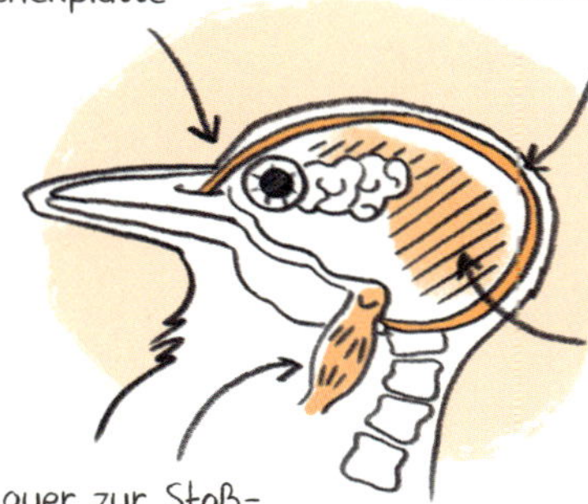

Solzialer Wohnungsbauer: Verlassene Spechthöhlen sind wichtige Nistplätze für viele andere Arten.

Um besser an die Samen heranzukommen, klemmt er Zapfen an Baumstämmen fest.

Überreste = Zapfenschmiede

○ Buntspecht – Dendrocopos major

029

Greifvögel* (Accipitriformes)

Drei Greifvogel-Fakten To Go:

1. früher Raubvögel, (veraltet!) heute Greifvögel

3. vorwiegend Fleischfresser mit Hakenschnabel & kräftigen Füßen

2. Adler, Bussarde, Habichte, Geier, Milane & Weihen gleiten auf breiten, gefingerten Flügeln dahin.

○ **Rotmilan** – Milvus milvus 030

* und Falkenartige (Falkoniformes)

○ Turmfalke – Falco tinnunculus 031

○ Habicht – Accipiter gentilis 032

○ Mäusebussard – Buteo buteo 033

Segler (Apodidae)

Drei Segler-Fakten To Go:

1. Auf ihren winzigen Klammerfüßen und kurzen Beinen können sie kaum stehen, müssen sie allerdings auch nicht unbedingt …

3. sehr gewandte, ausdauernde Flieger

2. Bitte wirf KEINE Vögel in die Luft, die du am Boden findest. Diese Tiere sind vermutlich verletzt, entkräftet oder noch sehr jung.

○ Mauersegler – Apus apus

034

Schwalben (Hirundinidae)

Drei Schwalben-Fakten To Go:

1. brüten in selbstgegrabenen Röhren oder kunstvollen Lehmnestern

3. Der breite Rachen ist perfekt an die Insektenjagd in der Luft angepasst.

2. schnelle & wendige Fliegerasse

○ **Rauchschwalbe** – Hirundo rustica 035

○ **Mehlschwalbe** – Delichon urbicum 036

Entenvögel (Anatidae)

Drei Entenvogel-Fakten To Go:

1. mittellanger bis langer Hals & Schwimmhäute an den Füßen

3. Körperform sorgt beim Schwimmen für Auftrieb

2. Sie ölen ihr Gefieder mit einem Sekret aus der Bürzeldrüse ein, damit es sich nicht mit Wasser vollsaugt.

zählt zu den Schwergewichten im Flugbusiness & schafft es nur mit viel „Anlauf" in die Luft

Schwäne bleiben ihrem Partner ein Leben lang treu. Wenn eine Brut missglückt, kann es allerdings zu einer Trennung kommen.

○ **Höckerschwan** – Cygnus olor 037

○ Stockente – Anas platyrhynchos

038

○ Graugans – Anser anser

039

○ Kanadagans – Branta canadensis

040

Schreitvögel (Ciconiiformes)

Drei Schreitvogel-Fakten To Go:

1. lange Beine, Hälse & Schnäbel

3. lange Zehen ohne Schwimmhäute

2. Reiher tragen ihren Hals im Flug eingezogen, Störche und Ibisse strecken ihn aus.

lauert stehend auf Beute, z.B. Fische & Amphibien aber auch Mäuse (im Feld)

○ **Graureiher** - Ardea cinerea 041

Anstatt zu rufen, klappern Störche am Nest mit dem Schnabel, daher sind sie auch als Klapperstorch bekannt.

heimattreu, kehrt oft zum alten Horst/Brutplatz zurück

○ **Weißstorch** - Ciconia ciconia 042

Rallen (Rallidae)

Drei Rallen-Fakten To Go:

1. kleine bis mittelgroße, rundliche Bodenvögel

3. stimmfreudig, häufiger zu hören als zu sehen

2. Die auffällig langen Zehen bieten guten Halt z.B. auf schwimmenden Pflanzen.

○ **Teichhuhn** – Gallinula chlorophus 043

○ **Bläßhuhn** – Fulica atra 044

Möwen (Laridae)

Drei Möwen-Fakten To Go:

1. Möwen können Meerwasser trinken! Das Salz wird über Drüsen im Nasenbereich wieder abgegeben.

3. Gewusst wie: Möwen locken durch Trampeln Würmer aus dem Boden & lassen Muscheln aus großer Höhe fallen, um an ihr Fleisch zu kommen.

2. Einige Arten werden im zweiten Lebensjahr „erwachsen", andere erst im dritten oder vierten. Dazwischen gibt es eine Vielzahl verschiedener Jugendkleider.

○ **Lachmöwe** – Chroicocephalus ridibundus 045

○ **Silbermöwe** – Larus argentatus 046

Eisvögel (Alcedinidae)

Drei Eisvogel-Fakten To Go:

1. kompakter Körper mit vergleichsweise großem Kopf & Schnabel

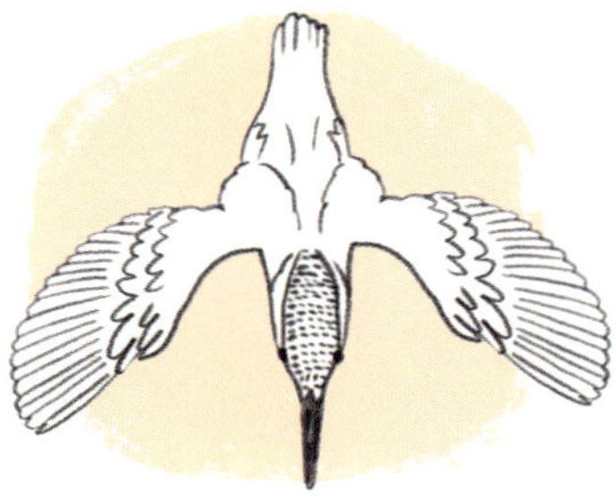

3. Der australische Jägerliest (Kookaburra) ist mit 40 – 47 cm Körperlänge der weltweit größte Vertreter der Eisvögel.

2. Die Form des Schnabels ist an die jeweilige Nahrung angepasst. Fischfresser besitzen z.B. einen geraden, nach vorne zugespitzten Schnabel.

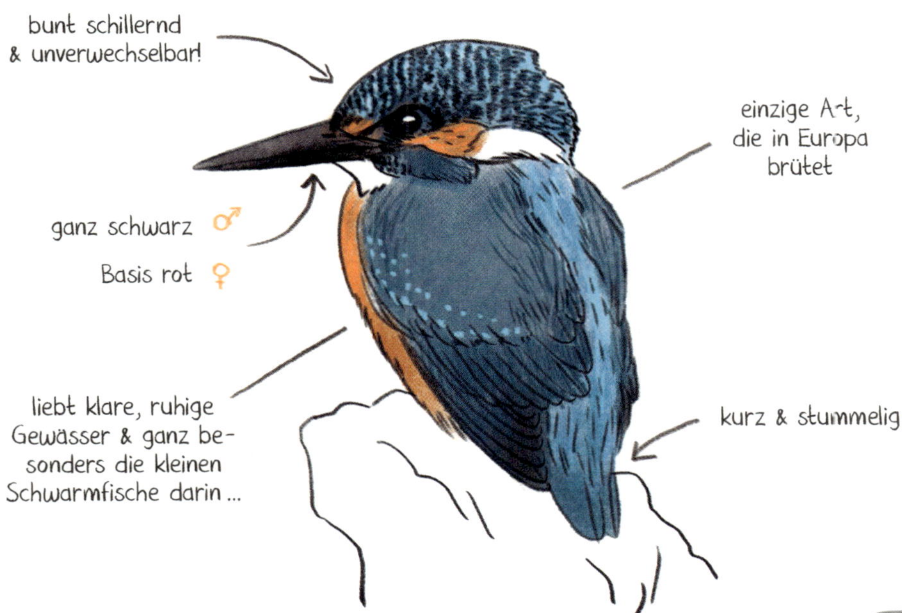

○ **Eisvogel** – Alcedo atthis 047

Hühnervögel (Galliformes)

Drei Hühnervogel-Fakten To Go:

1. Weibchen oft gut getarnt, Männchen im bunten Hochzeitskleid unterwegs

3. Die Jungtiere sind Nestflüchter.

2. bodenlebend, kurzer Schnabel & kurze, runde Flügel

stammt ursprünglich aus China, wurde in Europa im Mittelalter zu Jagdzwecken ausgesetzt

lebt in offenen Beziehungen, gerne auch mit mehreren Weibchen gleichzeitig

○ **Jagdfasan** – Phasianus colchicus 048

Eulen (Strigiformes)

Drei Eulen-Fakten To Go:

1. großer Kopf mit deutlich abgesetztem „Gesicht" (Spiegel), bei manchen Arten mit Federohren

3. fliegen dank des weichen, dichten Gefieders lautlos durch die Nacht

2. vorwiegend nachtaktiv, Beutegreifer

○ **Schleiereule** – Tyto alba 049

○ **Waldkauz** – Strix aluco 050

Bonustrack
zwei große (Un)Bekannte

Es gibt Vögel, die sind super bekannt, sie kommen häufig vor und sie leben gerne in unserer Nähe – und trotzdem würde man sie als ahnungsloser Birder sehr wahrscheinlich nicht erkennen. Wenn man sie denn überhaupt zu Gesicht bekäme ... Diese Vögel haben also streng genommen in unserer einsteigerfreundlichen Artenliste nichts zu suchen. Aber ein Vogelbuch so ganz ohne Nachtigall und Kuckuck... wie trist wäre das? Also schummeln wir sie hier noch schnell mit rein, einverstanden?

○ **Nachtigall** – Luscinia megarhynchos 051
(Sperlingsvögel – Passeriformes)

Der Kuckuck ist ein Brutparasit. Er legt seine Eier in die Nester anderer Vögel. Bei der Eiablage bevorzugen die Kuckucksweibchen die Vogelart, bei der sie selbst aufgewachsen sind. Das frisch geschlüpfte Küken wirft die Eier des Wirtsvogels sofort aus dem Nest & lässt sich dann schön durchfüttern.

ruft laut und deutlich seinen eigenen Namen, meidet aber den großen Auftritt & hält sich gut getarnt im dichten Blätterwerk verborgen

○ Kuckuck – Cuculus canorus

052

(Kuckucke – Cuculidae)

Véros Lieblingsvögel
Drei Arten, die mich glücklich machen

Auf die Frage, welches denn mein Lieblingsvogel sei, antworte ich gerne „Als Biologin finde ich alle faszinierend". Das stimmt auch, denn man muss sich nur eine Weile mit den einzelnen Lebewesen beschäftigen und Zack! haben sie einen verzaubert. Aber drei Arten gibt es doch, die sich besonders nachhaltig in mein Herz geschlichen haben. Die mich mit jeder Begegnung zu Tränen rühren oder einfach nur absurd glücklich machen:

053

○ **Schwarzspecht** - Dryocopus marcius
(Spechte - Piccidae)

Der Gesang ist wunderschön, fremdartig und erinnert an eine SEHR schwermütige Amsel.

Scheu & rastlos: Trotz ihres prächtigen Gefieders bekommen wir Pirole selten zu Gesicht. Sie leben zurückgezogen in den Baumwipfeln, wo sie überraschend gut getarnt sind.

Beide Geschlechter singen.

bisweilen sehr kräftig gelb gefärbt & dann schwer von jüngeren Männchen zu unterscheiden

○ Pirol – Oriolus oriolus

054

(Sperlingsvögel – Passeriformes)

Kindchenschema deluxe! Schwanzmeisen sind der Inbegriff der Niedlichkeit: flauschige Federbälle am Stiel, deren Charme sich niemand widersetzen kann.

meist in geselligen Trupps unterwegs

Hängen oft mit dem Bauch nach oben, warum auch nicht?

die Schwanzmeise von Welt trägt am Lid Gelb-Orange.

mit Schwalben näher verwandt als mit „echten" Meisen

○ Schwanzmeise – Aegithalos caudatus

055

(Sperlingsvögel – Passeriformes)

Level up!

Was du mit deinem Vogelwissen so anstellen kannst.

Jetzt bist du also einigermaßen gerüstet und bereit für das Abenteuer Vogelbeobachtung. Birding hat dir viel zu bieten. Ein Birder ist zum Beispiel nie wirklich alleine unterwegs. Immer sind da Vögel irgendwo in der Nähe - und natürlich andere Birder!

Diese Verbundenheit mit der Natur (und mit anderen Menschen, die deine Leidenschaft teilen) tut einfach gut. Schon eine halbe Stunde auf Vogelrunde kann helfen, den Alltagsstress hinter dir zu lassen und deine Gedanken zu sortieren.

Darüber hinaus hat die Verbundenheit aber noch einen anderen, wichtigen Effekt: Aus ihr können Anteilnahme und Wertschätzung entstehen.

Denn letzten Endes spielt alles zusammen: Nur was ich in mein Leben lasse, kann mir ans Herz wachsen. Je mehr ANTEIL ich an meiner Umwelt nehme, desto eher bin ich auch bereit, mich für die Menschen und Tiere einzusetzen, die mir etwas bedeuten. Birding kann also eine ziemlich sinnstiftende Angelegenheit werden.

Das ist auch ganz gut so in Zeiten von Klimakrise und Artensterben, in denen viele Vogelarten massiv mit dem Verlust ihres Lebensraumes und ihrer Nahrungsgrundlage (Stichwort: Insektensterben) zu kämpfen haben. Zeiten, in denen weniger anpassungsfähige Arten zu verschwinden drohen und ...

Stimmt. Deutschlandweit verschwanden von 1998 bis 2009 bereits 12,7 Millionen Brutpaare, insgesamt gingen die Bestandszahlen um 15% zurück. Besonders stark betroffen sind „Feld- und Wiesenvögel":

Star
- 2,6 Mio Brutpaare

Kiebitz
- 80.000 Brutpaare

Rebhuhn
– 50.000
Brutpaare

Goldammer
– 560.000
Brutpaare

Feldsperling
– 580.000
Brutpaare

Zilpzalp
– 600.000
Brutpaare

Grünfink
– 700.000
Brutpaare

Feldlerche
– 720.000
Brutpaare

Buchfink
– 1 Mio
Brutpaare

Wintergoldhähnchen
– 1,1 Mio
Brutpaare

Haussperling
– 1,2 Mio
Brutpaare

Daher zählt jeder Beitrag zum Natur- und Artenschutz, egal wie klein oder groß.

Join the team!
Fünf Tipps, wie du dich einbringen kannst

1. MITLESEN & UNTERSTÜTZEN

Fachorganisationen (z.B. ornitho.de, NABU) bieten dir schnellen Zugang zu Exkursionsterminen, Veranstaltungen und Ansprechpartner*innen in deiner Umgebung. Aber auch lokale Blogs und Websites können sich lohnen (z.B. Sturmmöwe.de oder Birdingfranconia.de). Die „Flugbegleiter" informieren auf Riffreporter.de überregional über Neues aus der Vogelwelt, Artenschutz und aktuelle Forschung.

2. DATEN SAMMELN & WEITERGEBEN

Fachleute brauchen große Datensätze, um verlässliche Aussagen (z.B. über Bestandsentwicklungen) machen zu können. Diese Daten werden zu einem großen Teil von Freiwilligen gesammelt und gemeldet. Auch als Laie kannst du dich an Aktionen wie „Die Stunde der Gartenvögel" (NABU) beteiligen oder deine Sichtungen auf Online-Plattformen (ornitho.de) melden. So kannst du ganz unmittelbar etwas zur Unterstützung der Wissenschaft beitragen.

3. VOR ORT DABEI SEIN

Exkursionen und Events sind eine gute Anlaufstelle, um andere Birder und andere Vögel kennenzulernen als die, die du auf deiner üblichen Runde zu Gesicht bekommst.

4. KONTAKTE KNÜPFEN

Viele Birder sind auf sozialen Netzwerken aktiv. Über Twitter und Co. ist der Kontakt schnell hergestellt. Ganz gleich, ob du nur mitlesen oder dich austauschen willst: Die Community greift Einsteiger*innen gerne unter die Arme.

5. RÜCKZUGSRÄUME SCHAFFEN

Blühende Wildpflanzen, naturnahe Hecken und Futterstellen werden von vielen Vögeln dankbar angenommen. Im Gegenzug bekommst du viele Beobachtungsgelegenheiten frei Haus.

So wirst du Artenkenner*in
Ein Vorschlag aus der Bildungsforschung

Wenn du dieses Buch bis zum Ende durchgelesen hast, hast du schon eine Menge Hürden zu besserer Artenkenntnis genommen. Du hast gelernt, auf welche Merkmale du dich bei der Beobachtung konzentrieren solltest. Du weißt mehr über die Biologie und Ökologie der Vögel. Du kennst städtische Lebensräume und die Spuren, die Vögel in ihnen hinterlassen. Du konntest über 50 Arten anhand ihrer Steckbriefe und Fun Facts kennen lernen. Bestimmt warst du zwischenzeitlich auch draußen unterwegs, mit frischem Vogelblick, konntest vielleicht sogar ein paar der vorgestellten Arten entdecken und abhaken. Im Idealfall bist du also mit ausreichend Grundwissen, Motivation und Neugierde rausgegangen um „deine" Arten zu finden. Nach neuesten Erkenntnissen* aus der Bildungsforschung ist genau das ein GUTER WEG, um sich schnell und nachhaltig Artenkenntnis anzueignen. Das hört man doch gerne!

Die ersten Schritte:

1. ERSTBEGEGNUNG – UM WEN GEHT'S HIER?

z.B. durch verschiedene Medien (Bücher, Videos, Kurse ...) vermittelt

2. MERKMALE KENNENLERNEN – WO MUSS ICH HINSCHAUEN?

z.B. durch Nutzung unterschiedlicher Bestimmungshilfen, Anfertigen von Steckbriefen ...

3. ÜBUNGSPHASE – WIE WENDE ICH WISSEN AN?

z.B. durch Spiele, Zuordnungsübungen, konkrete Beobachtungs- und Arbeitsaufträge ...

4. ERFOLGSKONTROLLE – WO STEHE ICH GERADE?

z.B. durch Nutzung von selbstkorrigierenden Tools, über Challenges, Ranglisten, Online-Quizzes ...

* Thomas Gerl „Arten- und Formenkenntnis [...]", siehe S. 130

Natur erkennen, entdecken, erforschen, erleben

Und was dann? Der Spaß fängt gerade erst an, denn es gibt viele digitale Angebote, die nach ähnlichen Standards aufgebaut sind. Du hast Bock auf mehr? Dann besuche Onlinekurse, nutze Apps, Games und Datenbanken, suche dir kleine Challenges oder gezielte Beobachtungsaufträge. Erforsche beim Nature Journaling die ästhetische Seite der Natur, werde Teil einer Community oder, oder, oder …

BISA
BIODIVERSITÄT IM SCHULALLTAG

Webseite

kostenlos & interaktiv
für Schüler*innen
bietet Ressourcen & Lehrmittel

Animal Tracker App

kostenlos & interaktiv
Citizen Science Projekt der
Max-Planck-Gesellschaft

natur|gucker

Online Community & Datenbank

kostenlos & interaktiv
bietet Austausch, Bestimmungshilfen
& Datensätze für eigene Projekte

NABU|naturgucker
Akademie

Online Lernort

kostenlos & interaktiv
bietet umfangreiches E-Learning-
Angebot für Naturbegeisterte

VOGEL
GUCKERIN

Online Community & Lernort

teilweise kostenlos & interaktiv
bietet Austausch, E-Learning,
begleitete Seminare, Podcast

Wieder Wilder Werden

Online Community & Erlebnisort

teilweise kostenlos & interaktiv
bietet Naturerfahrung und Inhalte rund um das Thema
NATURE JOURNALING

Cheesy but true: Wir leben nicht losgelöst von der Natur, die uns umgibt, haben aber maßgeblichen Einfluß auf ihre Gestaltung und Nutzung. Lebewesen sind auf uns angewiesen: darauf, dass wir uns zu Expert*innen machen, dass wir ihnen Platz einräumen und bereit und kompetent genug sind, die aktuelle Krise der Biodiversität anzugehen. Dafür muss niemand zum Hardcore-Öko oder zur Umweltaktivistin werden. Es wäre schon viel gewonnen, wenn wir als Bevölkerung faule Kompromisse, Greenwashing und schlichtweg umweltschädigende Maßnahmen als solche erkennen und ablehnen. Dann kann es weitergehen – Schritt für Schritt, hin zu echten Lösungen. Wär das was?

Epilog

Oh... hallo! Ich hab' euch gar nicht gesehen. Schön, dass ihr bis hierhin mitgelesen habt. Ich hoffe, ihr seid auf eure Kosten gekommen und ich konnte euch den Zauber der Vögel mit auf den Weg geben. Ist schon eine feine Sache, oder? Na, ich wünsch' euch jedenfalls viel Spaß beim Entdecken und Ausprobieren. Jetzt muss ich aber mal los. Ich sitze schon viel zu lange an diesem Tisch hier..
2019

Ende

Danke
WOOHOO!
Sag mal, GEHT'S NOCH?!?
prött.

Im Dezember 2023

Ja, das war's dann erst mal wieder für mich. Die Überarbeitung von „Birding für Ahnungslose" ist fertig. Und so nutze ich die Zeit bis zum Erscheinen der zweiten Auflage (OMG!), um all jenen wundervollen Menschen Aufmerksamkeit zu schenken, die mich in den vergangenen Monaten bei der Arbeit an diesem Projekt begleitet haben. Denn eines ist klar: Ohne Freund*innen, Expert*innen, Familie und ein wohlwollendes, wertschätzendes Umfeld wäre „Birding für Ahnungslose" nicht das Buch geworden, was es jetzt ist.

An erster Stelle steht meine Familie: Ihr seid immer ein fester Bezugspunkt auf diesem mäandernden Lebensweg, in diesen komischen Zeiten. Danke dafür. Danke Wend, für's einnorden und fliegen lassen. Für konstruktive Kritik, die manchmal schmerzt und doch etwas noch Besseres zum Vorschein zu bringen vermag. Danke Titus und Wilma, dass ihr mich die Welt durch eure Augen neu erleben lasst. Ich lerne jeden Tag von euch und ich hoffe, ich lerne nie aus.

Danke an das Team bei KOSMOS: für euer Vertrauen, euren Mut, neue Wege zu beschreiten und eure Wertschätzung. Steffi, Lisa und Heiko, danke für die Freiheiten, die ihr mir in jeder Hinsicht gelassen habt und auch für gelegentliche sanfte Stupser zurück auf den richtigen Pfad, wenn sie nötig waren. Überhaupt ist KOSMOS eine wunderbare Heimat für Autor*innen und Comiczeichner*innen. Wer hätte gedacht, dass eine zufällige Fahrt bei der Mitfahrzentrale einmal solche Früchte tragen würde …

Und dann gibt es da noch die Birding-Community, die ich – ich erwähnte es das ein oder andere mal bereits – als unglaublich offen und hilfsbereit erlebt habe. Danke Klaus Nottmeyer (DDA) für geduldiges Zuhören und Fragen beantworten. Danke, dass du mich an deiner Expertise und Erfahrung aus mehreren Jahrzenten Birdwatching hast teilhaben lassen. Danke Philipp Herrmann (der Vogelphilipp) für deine inspirierenden Anregungen zum Thema Vogelstimmen. Danke nicht zuletzt auch an David Lindo: für deine Unterstützung und deinen Zuspruch für diese verrückte kleine Idee, einen Comic über Vogelbeobachtung zu machen. Danke Silke, für deine Expertise und Begeisterung, die du auf so vielen Wegen mit uns teilst.

Jörg, Eve und Sarah – ihr habt mir bedingungslos unter die Arme gegriffen, als es darum ging, die Nachricht vom Vogelbuch unter die Leute zu bringen. Dafür danke ich euch.

Auch auf X und Instagram gab es viele vogelbegeisterte Menschen, die sich an Aufrufen, Fragerunden und Diskussionen beteiligt haben. Euer Feedback war immer hilfreich und hat mich mehr als einmal in die Lage versetzt, die Inhalte dieses Buches besser auf die Interessen und Bedürfnisse der Leser*innen abzustimmen. Ich danke euch für den Austausch und die Bereitschaft, etwas beizutragen. Danke Johanna, Daniel, Mike, Daniel (Nein, das ist kein Versehen. Das soll so …), Christian und die Riffreporter, Roland, Daniela, Ines, Thilo, Michaela, Lew, Mathilde, Hanno, Silke, Steffi & Lukas, Caroline, Maja, Volker, Yara … und all euch anderen, die ich hier nicht aufführen kann, weil ich zu spät angefangen habe, mir die Namen zu notieren. Ich danke euch von ganzem Herzen. Möge der JIZZ mit euch sein.

Lesestoff

Auf Papier

J. N. Audet, S. Ducatez, L. Lefebre (2016): The town bird and the country bird - problem solving and immunocompetence vary with urbanization. Behavioral Ecology 27-2, S. 637-644

Simon Barnes (2004): How to be a bad birdwatcher. To the greater glory of life. Taschenbuchausgabe 2012, London: Short Books

Marc Duquet (2012): Pièges de l'identification - La Corneille mantelée *Corvus cornix*: pure ou hybride? Ornithos 19-1, S. 57-67

K. Gedeon, C. Grüneberg, A. Mitschke, C. Sudfeld, W. Eikhorst, S. Fischer, M. Flade, S. Frick, I. Geiersberger, B. Koop, M. Kramer, T. Krüger, N. Roth, T. Ryslavy, S. Stübing, S.R. Sudmann, R. Steffens, F. Völkler und K. Witt (2014): Atlas Deutscher Brutvogelarten. Atlas of German Breeding Birds. Stiftung Vogelmonitoring Deutschland und Dachverband Deutscher Avifaunisten, Münster

Joe Harkness (2019): Bird Therapy. London: Unbound

Colin Harrison, Peter Castell (2004): Jungvögel, Eier und Nester der Vögel Europas, Nordafrikas und des Mittleren Ostens. Wiebelsheim: AULA-Verlag

Silke Hartmann (2023): Die Superkräfte der Vögel. Stuttgart: Franckh-Kosmos Verlags-GmbH & Co. KG

Fritz Kredel (1935): Das kleine Buch der Vögel und Nester. Sonderausgabe 2018, Frankfurt am Main & Leipzig: Insel-Verlag

David Lindo (2018): #urbanbirding. Stuttgart: Franckh-Kosmos Verlags-GmbH & Co. KG

Michael Lohmann (2001): Die Kinderstube der Vögel: Nester, Eier und Jungvögel erkennen und bestimmen. Nisthilfen. Vogelschutz. Hilfe für Jungvögel. BLV Buchverlag GmbH & Co. KG

Rosemary Moscow (2018): Birding Is My Favorite Video Game. Cartoons about the Natural World from Bird and Moon. Kansas City, Missouri: Andrews McMeel Publishing

J. W. Poelstra, N. Vijay, C. M. Bossu, H. Lantz, B. Ryll, I. Müller, V. Baglione, P. Unneberg, M. Wikelski, M. G. Grabherr, J. B. W. Wolf (2014): The genomic landscape underlying phenotypic integrity in the face of gene flow in crows.
SCIENCE 20, S. 1410-1414

Stefanie Reinberger (2012): Vögel, die auf Städte fliegen.
MaxPlankForschung 4, S.72-79

Johanna Romberg (2018): Federnlesen. Vom Glück, Vögel zu beobachten.
Köln: Bastei Lübbe AG

Jelmer M. Samplonius, Christian Both (2019): Climate Change May Affect Fatal Competition between Two Bird Species.
Current Biology 29-2, S. 327-331

T. V. Shephard, S. E. G. Lea, N. Hempel de Ibarra (2015): 'The thieving magpie'? No evidence for attraction to shiny objects.
Animal Cognition 18-1, S. 393-397

Ulrich Schmid (2018): Welcher Gartenvogel ist das? 100 Arten erkennen und beobachten. 4. Auflage,
Stuttgart: Franckh-Kosmos Verlags-GmbH & Co. KG

Jasmin Schreiber (2022): Biodiversität. 100 Seiten.
Ditzingen, Philipp Reclam jun. Verlag GmbH

Detlef Singer (2019): Was fliegt denn da? Der Fotoband.
Stuttgart: Franckh-Kosmos Verlags-GmbH & Co. KG

Lars Svensson (2017): Der Kosmos Vogelführer. Alle Arten Europas, Nordafrikas und Vorderasiens. 2. Auflage,
Stuttgart: Franckh-Kosmos Verlags-GmbH & Co. KG

Michael Wink (2014): Ornithologie für Einsteiger.
Berlin, Heidelberg: Springer-Verlag

Im Netz

BISA – Biodiversität im Schulalltag.
https://bisa100.de/ (letzter Zugriff 08.12.2023)

Bundesamt für Naturschutz (2019): Vogelschutzbericht 2019 gemäß Vogelschutz-Richtlinie.
https://www.bfn.de/vogelschutzbericht-2019 (letzter Zugriff 14.12.2023)

Gerhard Brodowski: Die Vogelfeder.
https://www.brodowski-fotografie.de/beobachtungen/vogelfeder.html (letzter Zugriff 08.12.2023)

Gerhard Brodowski: Der Vogelkopf.
https://www.brodowski-fotografie.de/beobachtungen/vogelkopf.html (letzter Zugriff 08.12.2023)

Dachverband Deutscher Avifaunisten – Zusammenschluss aller landesweiten und regionalen ornithologischen Verbände in Deutschland.
https://www.dda-web.de (letzter Zugriff 08.12.2023)

FEATHERBASE – Online Nachschlagewerk zum Thema Vogelfedern.
https://www.featherbase.info (letzter Zugriff 08.12.2023)

Thomas Gerl (2023): Arten- und Formenkenntnis von Kindern und Erwachsenen am Beispiel der Wirbeltiere unter besonderer Berücksichtigung der Vögel.
https://edoc.ub.uni-muenchen.de/31993/1/Gerl_Thomas.pdf (letzter Zugriff 08.12.2023)

Thomas Krumenacker (2018): Wussten Sie, dass Kohlmeisen Fledermäuse fressen und wie Schlangen zischen? https://www.riffreporter.de/flugbegleiter-koralle/flugbegleiter-vogelforschung-kohlmeise/ (letzter Zugriff 08.12.2023)

David Moscato (2017): Why do these birds build their nests with cigarette buds? https://www.earthtouchnews.com/natural-world/animal-behaviour/why-do-these-birds-build-their-nests-with-cigarette-butts/ (letzter Zugriff 08.12.2023)

NABU – Naturschutzbund Deutschland e.V.
https://www.nabu.de (letzter Zugriff 08.12.2023)

NABU Naturgucker – Soziales Netzwerk für Naturbeobachter*innen.
https://www.naturgucker.info/ (letzter Zugriff 08.12.2023)

NABU Naturgucker-Akademie – Online-lernort.
https://artenwissen.online/ (letzter Zugriff 08.12.2023)

ORNITHO – mit allen Facheinrichtungen abgestimmtes Portal zur Datensammlung von Gelegenheitsbeobachtungen.
https://www.ornitho.de (letzter Zugriff 08.12.2023)

Gaby Schulemann-Maier: Schnabelformen der Vögel.
http://wp.wildvogelhilfe.org/de/vogelwissen/sonderbeitraege/grundwissen-ueber-voegel/schnabelformen-der-voegel/
(letzter Zugriff 08.12.2023)

Christian Schwägerl (2019): Wie Du Dir in diesem Frühling viele neue Vogelstimmen merken kannst. https://www.riffreporter.de/flugbegleiter-koralle/tipps-vogelstimmen-hotline/
(letzter Zugriff 08.12.2023)

Andreas Trepte: Avi-Fauna – Vögel in Deutschland.
https://www.avi-fauna.info/ (letzter Zugriff 08.12.2023)

Die Vogelguckerin – Endlich Vögel sehen!
https://vogelguckerin.de/ (letzter Zugriff 08.12.2023)

Der Vogelphilipp – naturkundliche Projekte zum Mitmachen.
http://dervogelphilipp.de (letzter Zugriff 08.12.2023)

Wieder Wilder Werden – Naturverbindung über Kreativität.
https://wiederwilderwerden.de/ (letzter Zugriff 08.12.2023)

zu den Abbildungen

Die Zeichnungen in diesem Buch sind frei, die Artenportraits nach Vorlage verschiedener Fotografien entstanden. Diese Portraits habe ich mit größter Sorgfalt und so naturnah wie möglich erarbeitet. Sie vermitteln dir einen guten Gesamteindruck der dargestellten Arten, aber nagel mich bitte nicht drauf fest. Zur zweifelsfreien Bestimmung nimmst du besser ein Fotobuch oder einen Vogelführer zur Hilfe.

KOSMOS-PLUS-App

Lass das Buch lebendig werden! Mit der KOSMOS-PLUS-App kannst du auf deinem Mobilgerät Vogelstimmen anhören.

Und so geht's:

1. Besuche im Internet den AppStore oder GooglePlay.
2. Lade dir die kostenlose KOSMOS-PLUS-App auf dein Smartphone oder Tablet.
3. Such dir in der App dieses Buch aus.
4. Schalte die Inhalte mit diesem Codewort frei: MAUERSEGLER.
5. Danach kannst du die Inhalte für „Birding für Ahnungslose" herunterladen.
6. Auf den Seiten mit dem Symbol 001 kannst du dir unter der entsprechenden Nummer die Rufe und Gesänge der Vögel anhören. Dazu gibst du den dort genannten Zahlen-Code in die App ein oder suchst in der Medienliste den entsprechenden Inhalt.

Mehr Informationen findest du unter plus.kosmos.de

Impressum

Mit 404 Illustrationen von Véro Mischitz.

Umschlaggestaltung von
Populärgrafik, Stuttgart & Véro Mischitz, Walzbachtal
unter Verwendung von Illustrationen von Véro Mischitz.

Der Inhalt dieses Buches ist sorgfältig recherchiert und erarbeitet worden. Dennoch können weder Autorin noch Verlag für alle Angaben im Buch eine Haftung übernehmen.

Unser gesamtes Programm findest du unter kosmos.de
Über Neuigkeiten informieren dich regelmäßig unsere Newsletter, einfach anmelden unter kosmos.de/newsletter

FSC
www.fsc.org
MIX
Papier | Fördert gute Waldnutzung
FSC® C084279

Gedruckt auf chlorfrei gebleichtem Papier

ISBN: 978-3-440-17832-4
Projektleitung/Redaktion: Heiko Fischer & Stefanie Tommes
Gestaltungskonzept und Satz: Véro Mischitz
Produktion: Markus Schärtlein
Druck und Bindung: Print Consult GmbH, München
Printed in Slovakia/ Imprimé en Slovaquie

Guten Tag ...
der Kosmos Vogelführer
KOSMOS
Handbuch Vögel beobachten
KOSMOS
Was fliegt denn da?
KOSMOS